Nourane Khaled Mourad

Contribution à l'amélioration de la consommation laitière en Egypte

Nourane Khaled Mourad

Contribution à l'amélioration de la consommation laitière en Egypte

Les égyptiens sur la voie d'un lait plus sécurisé

Éditions universitaires européennes

Imprint

Any brand names and product names mentioned in this book are subject to trademark, brand or patent protection and are trademarks or registered trademarks of their respective holders. The use of brand names, product names, common names, trade names, product descriptions etc. even without a particular marking in this work is in no way to be construed to mean that such names may be regarded as unrestricted in respect of trademark and brand protection legislation and could thus be used by anyone.

Cover image: www.ingimage.com

Publisher:
Éditions universitaires européennes
is a trademark of
International Book Market Service Ltd., member of OmniScriptum Publishing Group
17 Meldrum Street, Beau Bassin 71504, Mauritius

Printed at: see last page
ISBN: 978-3-8416-7068-7

Copyright © Nourane Khaled Mourad
Copyright © 2015 International Book Market Service Ltd., member of OmniScriptum Publishing Group

Remerciment

Ce travail a été réalisé grâce au soutien des personnes, dont le devoir me revient de présenter mes sincères remerciements.

J'exprime ma profonde gratitude au Professeur **Morsi EL SODA** qui m'a confié ce projet de master, pour son soutien et sa disponibilité durant la réalisation de ce travail.

Je rends hommage au Professeur **Etienne DAKO** pour son soutien et pour avoir accepté de faire partie du jury de soutenance.

J'adresse ma reconnaissance à Dr. **François-Marie LAHAYE**, Directeur du Département Santé, pour son encadrement et sa disponibilité tout au long de ma formation.

Je remercie Madame **Alice MOUNIR**, chef du service administratif du Département Santé, pour ses conseils, sa gentillesse et sa disponibilité.

A Monsieur **Amr YOUSSEF**, mon directeur de stage et le responsable de marketing de la compagnie Tetra Pak Egypt, Ltd., pour son encadrement et ses conseils tout au long de mon stage.

Je remercie infiniment Monsieur **Ahmad Al-Yassaky**, le commis bibliothécaire, pour son soutien et ses conseils.

Un particulier remerciement à **May Abd El-Aal**, **May Shoushan** et **Rehab Fathy** pour leur soutien et leur amour infini et à **Aalaa Mahmoud Quandal, Ahmed Yehia** et **Mounira Noah** pour leur aide et leur disponibilité.

Enfin, je remercie tous les étudiants de la **14ème promotion** de l'Université Senghor en particulier mon « Support Team » : **Pascal Bonimy, Erick Wadagni Tohouindji, Lamya Allam, Aboubacar Traoré, Aliaa Khalil, Sandra El Deeb** et **Eric-Didier N'dri** pour leur soutien et leur aide durant la réalisation de ce travail.

Dédicace

Je dédie ce travail à :

A mon père et ma mère

Merci d'être des parents hors du commun, pour votre amour et votre dévouement infini. Votre encouragement et votre soutien me rassure toujours.

A ma famille

Merci pour votre affection et votre soutien.

Au Professeur Morsi EL SODA

Votre encadrement et votre confiance ont été toujours une source de motivation et de progrès tout au long de ces années.

A mes ami(e)s

Merci pour le soutien et l'aide que vous m'avez offert afin de réaliser ce travail. Que Dieu vous bénisse.

Résumé

La consommation du lait est indispensable pour le maintien de la santé et la croissance. Pourtant, le lait est la source de plusieurs risques alimentaires due au manque d'hygiène et aux fraudes. En Egypte, 64% du lait est vendu en vrac, exposé à toutes sortes de contamination. Ce lait est favorisé par la majorité des égyptiens qui continuent à le consommer malgré les dangers qui l'entourent. En plus, ils s'opposent aux campagnes de sensibilisation contre les dangers de sa consommation.

L'objectif principal de notre étude est de comprendre les préférences et analyser les connaissances des égyptiens au sujet du lait et les produits laitiers pour améliorer quantitativement et qualitativement leur consommation laitière.

Il s'agissait d'une étude transversale à visée descriptive et analytique faite par une enquête alimentaire réalisée entre juillet et août 2014. La cible principale était les femmes de 18 ans et plus. 150 participants ont rempli un questionnaire sur leur consommation du lait, leurs préférences et leurs connaissances à l'égard du lait conditionné et de lait en vrac.

Les femmes représentaient 85.3% de l'échantillon et les hommes 14.7%. 60.6% des participants avaient un diplôme universitaire. 75.3% habitaient en Basse-Egypte, 13.3% au Grand Caire, 10% en Haute-Egypte et 1,3% en Sinaï. La majorité des participants appartenaient à la classe moyenne et à la classe moyenne supérieure.

La plupart des ménages utilisent le lait conditionné pour le boire soit uniquement ou accompagné par le lait en vrac (39.3% et 38% respectivement). Pour la cuisine, le lait conditionné est classé premier suivi par le lait en vrac (40.7% et 36% respectivement). Les participants ont montré leurs craintes envers l'utilisation des agents conservateurs, les fraudes et le manque d'hygiène. Des confusions se manifestaient en cas de l'efficacité de l'ébullition, des bénéfices nutritifs et de l'addition des conservateurs aux deux types de lait. Les laits aromatisés ont été rejeté par 60% des participants surtout ceux qui sont âgées de plus que 45 ans. La campagne LMC a été reconnue par 48% des participants dont 54.2% étaient convaincus. Les participants ont rapporté leur manque de conviction à l'absence de confiance au gouvernement et aux medias.

Cette étude montre que les goûts des consommateurs conditionnent leur choix. C'est ainsi qu'il est difficile d'éliminer la consommation du lait en vrac en Egypte, mais des améliorations peuvent être faites par le changement des comportements. Inciter le peuple à se tourner vers le lait conditionné nécessite une démarche multisectorielle et multidisciplinaire. Une éducation nutritionnelle pour la population accompagnée par une source d'informations fiables sont indispensables pour réaliser les objectifs visés.

Mot-clés

Lait – lait conditionné – lait en vrac – comportements alimentaires – éducation nutritionnelle

Abstract

Milk consumption is essential for growth and maintaining health. However, milk can be a source of many health hasards in cas of lack of hygiene and frauds. In Egypt, 64% of the milk is sold loose, exposed to all kinds of contamination. This milk is preferred by the majority of Egyptians who continue to consume it despite all the dangers that surround it. In addition, they oppose the awarnness campaigns against its dangers.

The main objective of our study is to understand the preferences and analyze the knowledge of Egyptians about milk and dairy products for more and better milk consumption.

This was a cross sectional study with a descriptive and analytical vision done by a survey conducted between July and August 2014. The main target was women aged 18 years old or more. 150 participants filled out a questionnaire about their milk consumption, their preferences and their knowledge about packed and loose milk.

Women represented 85.3% of the sample and men 14.7%. 60.6% had a university degree. 75.3% lived in Lower Egypt, 13.3% in Grand Cairo, 10% in Upper Egypt and 1.3% in Sinai. Most of the participants belonged to the middle class and the upper middle class.

Most households use packed milk for drinking either alone or accompanied by loose milk (39.3% and 38% respectively). For cooking, packed milk was ranked first followed by loose milk (40.7% and 36% respectively). Participants showed their concern towards the use preserving agents, fraud and lack of hygiene. Some confusion were noticed towards the efficiency of boiling, the nutritional benefits and adding preservatives to both types of milk. Flavored milks were rejected by 60% of participants especially those who are older than 45 years. LMC campaign was recognized by 48% of participants from which 54.2% were convinced. Participants reported their lack of belief in the absence of confidence in the government and the media.

This study shows that consumers tastes condition their choice. Thus it is difficult to eliminate the loose milk consumption in Egypt, but further improvements can be made by changing the population's attitudes. Motivating the people to convert to packed milk requires a multisectoral and multidisciplinary approach. Providing a nutrition education for the population complemented by a trusted source of information is essential for achieving the aspired objectives.

Key-words
Milk – Packed milk – Loose milk – Dietary behaviors – Nutrition education

Liste des acronymes et abréviations utilisés

BPH :	Bonnes Pratiques d'Hygiène
FAO :	Food and Agriculture Organization / Organisation des Nations Unis pour l'alimentation et l'agriculture
FfD :	Food for Development / Alimentation pour le développement
FFOM :	Force, Faiblesse, Opportunités, Menaces
gr :	Gramme
HTST :	High Temprature Short Time
IDH :	Indice de Developement Humain
Kg :	Kilogramme
LDP :	Liquid Dairy Products / Produits laitiers liquides
LE :	Livre Egyptien
LMC :	Loose Milk Conversion / Initiative de conversion du lait en vrac
LTLT :	Low Temprature Long Time
mg :	Milligramme
ml :	Millilitre
OMD :	Objectifs de Millénaire pour le Développement
ONG :	Organisation Non-Gouvernementale
PIB :	Produit Intérieur Brut
SAB :	Sérum Albumine Bovine
SNF :	Solids Non-Fat/ Solides Non-gras
UE :	Union Européen
UFC :	Unité Formant de Colonie
UHT :	Ultra High Temprature
UNIFEM :	Fonds de développement des Nations unies pour la femme
WHO :	World Health Organization / Organisation Mondiale de la Santé

Liste des tableaux

Tableau 1: Données générales sur l'Egypte 9
Tableau 2: La composition moyenne (en%) du lait de différentes espèces 20
Tableau 3: Consommation quotidienne de Calcium recommandée 23
Tableau 4: La flore indigène du lait cru 24
Tableau 5: Principales catégories de traitement thermiques dans l'industrie laitière 29
Tableau 6: Les normes de L'UE pour le nombre de bactéries dans le lait 31
Tableau 7: Effets de divers traitements thermiques sur la perte vitaminique 32
Tableau 8: Effets de divers traitements thermiques sur la qualité du lait 32
Tableau 9: Profil socioéconomique de l'échantillon 39
Tableau 10: Les habitudes de consommation de l'échantillon 40
Tableau 11: Les connaissances nutritionnelles et hygiéniques de l'échantillon 42
Tableau 12: La taille de paquet préférée par les participants 43
Tableau 13: Avis à propos de la campagne LMC 44

Liste des figures

Figure 1: Densité de la population en Egypte 9
Figure 2: Un exemple de moyen de transport du lait cru en Egypte 12
Figure 3: L'évolution de la consommation du lait conditionné vs. le lait en vrac 17
Figure 4: Système UHT indirect à chauffage dans un échangeur à plaques 33
Figure 5: Les facteurs qui éloignent la population du lait conditionné 52
Figure 6: La démarche multisectorielle proposée pour améliorer la consommation laitière 59

Liste des annexes

Annexe 1: Le questionnaire administré aux participants 66
Annexe 2: Production moyenne du lait en Egypte 1992-2012 67
Annexe 3: Concentrations des vitamines dans le lait de vache (mg/litre) 67
Annexe 4: Concentrations des minéraux dans le lait de vache (g/litre) 67
Annexe 5: Le nombre de portions de lait et produits laitiers recommandés (par jour) par le Guide Alimentaire Canadien 68
Annexe 6: l'échangeur de chaleur (échangeurs à plaques) 68
Annexe 7: Le stérilisateur horizontal (1) et vertical (2) 68
Annexe 8: L'emballage multicouches 69
Annexe 9: Composition de différents laits de consommation (en %) 69
Annexe 10: Le clarificateur centrifuge 69
Annexe 11: L'écrémeuse centrifuge 70
Annexe 12: Les valves d'homogénéisateur 70
Annexe 13: L'emballage Tetra Fino Aseptic 71
Annexe 14: Répartition des participants qui rejettent le lait aromatisé selon les ages 71
Annexe 15: Les nouveaux aromes proposés par les participants 72
Annexe 16: Les nouveaux produits proposés par les participants 72

Tables des matières

Remerciment I
Dédicace II
Résumé III
Mot-clés III
Abstract IV
Key-words IV
Liste des acronymes et abréviations utilisés V
Liste des tableaux VI
Liste des figures VI
Liste des annexes VI
Tables des matières VII
Introduction 1
1. Le lait dans le monde 4
    1.1. Production mondiale du lait 4
    1.2. Consommation mondiale du lait 4
    1.3. Consommation du lait cru (lait en vrac) 5
        1.3.1. Consommation du lait cru (lait en vrac) 5
        1.3.2. Règlementations de la vente du lait cru 6
        1.3.3. Risques de consommation du lait cru 7
        1.3.4. Cas de fraude du lait 8
2. Problématique de la consommation laitière en Egypte 9
    2.1. Contexte général du pays 9
    2.2. Histoire du lait en Egypte 10
    2.3. Production laitière en Egypte 10
    2.4. Consommation laitière en Egypte 11
        2.4.1. Consommation du lait en vrac en Egypte 11
        2.4.2. Cas de fraudes en Egypte 12
        2.4.3. Législation de la vente du lait cru en Egypte 13
        2.4.4. Consommation du lait conditionné en Egypte 13
    2.5. Caractéristiques et préférences des égyptiens 14
    2.6. Initiative de la conversion du lait en vrac 15
        2.6.1. Présentation du projet LMC 15
        2.6.2. Succès du projet en Egypte 16
        2.6.3. LMC et les Objectifs du Millénaire pour le développement 17
    2.7. Question de recherche 18

2.8. Objectifs de l'étude	18
3. Cadre théorique de l'étude : Présentation du lait	**19**
3.1. Définition du lait	19
3.2. Le lait à travers les âges	19
3.3. Composition du lait	20
3.4. Intérêt nutritionnel du lait	21
3.5. Microflore du lait	23
3.6. Hygiène du lait	25
3.6.1. Normes d'hygiène exigées dans l'industrie laitière	25
3.7. Adultération du lait	26
3.8. Traitement thermique du lait	28
3.8.1. Pasteurisation	29
3.8.2. Stérilisation	30
3.8.3. Effet des traitements thermiques sur le lait	31
3.9. Lait de consommation	32
3.10. Circuit de fabrication du lait de consommation	32
3.10.1. Réception	32
3.10.2. Clarification	33
3.10.3. Standardisation	33
3.10.4. Homogénéisation	34
3.10.5. Traitement thermique, refroidissement et conditionnement	34
4. Matériels et méthodes	**35**
4.1. Cadre de l'étude	35
4.1.1. Présentation du lieu de stage	35
4.2. Type et période de l'étude	36
4.3. Population cible et échantillonnage	36
4.4. Outils de recherche	37
4.5. Collecte des données	37
4.6. Variables de l'étude	38
4.7. Traitement des données	38
4.8. Analyse des données	38
4.9. Considérations éthiques	38
5. Présentation des résultats	**39**
5.1. Donnés socioéconomiques de l'échantillon	39
5.2. Habitudes de consommation	40
5.3. Avis et connaissances sur le lait, la nutrition et l'hygiène alimentaire	40
5.3.1. Avis sur le lait en vrac	41
5.3.2. Avis sur le lait conditionné	41

  5.3.3. Connaissances nutritionnelles et hygiéniques 42

 5.4. Habitudes d'achat et suggestions de produits 43

 5.5. La campagne LMC (Loose Milk Conversion) 44

6. Discussion 45

 6.1. Interprétation des résultats 45

  6.1.1. Habitudes de consommation 45

  6.1.2. Avis et connaissances sur le lait, la nutrition et l'hygiène alimentaire 46

  6.1.3. Habitudes d'achat et suggestions de produits 48

  6.1.4. La campagne LMC (Loose Milk Conversion) 49

  6.1.5. Avis générales et suggestions des participants 50

 6.2. Analyse des résultats 51

 6.3. Comparaisons avec des situations internationales 53

 6.4. Analyse FFOM de la situation de la consommation du lait en Egypte 54

 6.5. Contraintes et limites de l'étude 54

7. Proposition d'une démarche pour améliorer la consommation laitière 56

 7.1. Au plan informationnel 56

 7.2. Au plan juridique 57

 7.3. Au plan social 57

 7.4. Au plan économique 58

 7.5. Au plan sensoriel 58

Conclusion 60

Glossaire des termes 61

Bibliographie 62

Annexe 66

"Le but principale de cette étude et d'analyser les connaissances et les attitudes des consommateurs égyptiens. Cette étude ne posent aucune critique au projet LMC ni aux autorités responsable de ce projet. L'étude s'y référait vu qu'il est le seul projet mis en place pour la sensibilisation contre les dangers de la consommation du lait en vrac"

~ L'auteur

Introduction

Le lait est un aliment complet qui fournit tous les nutriments nécessaires pour la croissance et le maintien du corps. Pourtant, le lait est un milieu favorable pour la croissance des microorganismes et il a longtemps été reconnu comme une source sérieuse d'agents pathogènes qui peuvent causer des maladies et des risques sanitaires chez les humains (Lejeune & Rajala-Schultz, 2009). Ces risques sont aggravés par le manque d'hygiène et de refroidissement ainsi que les pratiques frauduleuses des vendeurs, ce qui fait du lait une menace pour la santé. Pour ceci, la consommation du lait conditionné préalablement traité thermiquement et produit aseptiquement selon des normes d'hygiène strictes est le choix le plus sécurisé.

Dans de nombreuses régions du monde, surtout dans les pays en développement, la vente de lait cru destiné à la consommation directe est légalisée et très courante ; une grande partie de la société consomme du lait et des produits laitiers fabriqués à partir de lait cru (Krause & Hendrick, 2011). Certains ont une perception que la consommation de lait cru confère des avantages de santé et des bénéfices nutritionnels plus élevé même si nombreuses études épidémiologiques ont montré clairement qu'il peut être contaminé par une variété de pathogènes, dont certains sont associés à plusieurs maladies d'origine alimentaire (Amer & Ibrahim, 2010; American Academy of Pediatrics, 2014; Hassan & Elmalt, 2008; Lejeune & Rajala-Schultz, 2009; Nirwal, Pant, & Rai, 2013; Schmidt & Davidson, 2008; Tawfik, Effat, Shafei, Dairouty, & Sharaf, 2014).

Par conséquent, de nombreux organismes de santé publique ont été concernés par la consommation du lait cru et les dangers qui l'accompagnent. En plus, Plusieurs pays à travers le monde ont mis des réglementations recommandant la pasteurisation du lait et interdisant la consommation de lait cru en raison des risques potentiels de contamination par les agents pathogènes. La controverse entourant la consommation de lait cru et de lait pasteurisé a existé depuis des décennies (Krause & Hendrick, 2011).

En Egypte, le problème de consommation du lait cru se manifeste d'une manière particulière. Le danger ne se présente pas dans la consommation du lait cru, mais c'est la méthode de vente qui est incriminée. Le lait est transporté sur de longues distances vers les laiteries et les épiceries sans réfrigération. Il est vendu en vrac dans des sacs en polyéthylène et exposés à toutes sortes de contamination due aux mauvaises pratiques hygiéniques et la négligence des vendeurs. Un autre danger menaçant la santé de la population est la fraude commise par les vendeurs. L'adultération du lait en vrac est envahissante et considérée comme un problème de santé publique en Egypte. Ces adultérations varient de l'addition de l'eau à l'écrémage à l'addition de la Formaline pour prolonger la durée de vie du lait transporté sans réfrigération.

Le taux de consommation du lait en vrac en Egypte est de 64%. Le lait cru acheté est souvent bouilli avant sa consommation, mais ceci ne peut pas assurer sa qualité, surtout les toxines bactériennes qui nécessitent des traitements thermiques sévères non disponible à domicile ou en cas d'adultération et d'addition de substances chimiques qui ne peuvent pas être éliminées par la chaleur.

Les raisons qui poussent les populations à consommer le lait en vrac sont essentiellement culturelles et organoleptiques. A celles-là peuvent s'ajouter le prix moins cher.

Les égyptiens ont des préférences particulières en ce qui concerne l'alimentation. 37.6% des revenus des ménages égyptiens sont dépensés sur l'alimentation avec 13,2% pour le lait, les produits laitiers et les œufs (Central Agency for Public Mobilization And Statistics, 2013). En plus, la population égyptienne est peu réceptif aux changements surtout au niveau de l'alimentation et du style de vie, Ceci rend le changement des comportements alimentaires un projet difficile à réaliser.

En 2009, la compagnie Tetra Pak a fait le premier pas pour réduire la consommation du lait en vrac en Egypte par la mise en place le projet LMC (Loose Milk Conversion initiative ou l'initiative de conversion du lait en vrac). Ce projet vise à la réduction et par la suite la terminaison de la consommation du lait en vrac et inciter les peuples à augmenter leur consommation des produits laitiers et surtout des produits conditionnés aseptiquement. Le projet a démarré avec la collaboration du Ministère de La Santé, l'Université d'Alexandrie, la Chambre des Industries Alimentaires et l'Association Pédiatrique Egyptienne il avait pour slogan « Milk for Life ou Lait pour la vie ».

Bien que le projet a eu un succès en attirant la population par des campagnes de sensibilisation, des annonces télévisées, des séminaires pour les femmes et les étudiants aux universités et aux écoles et des publicités dans les pharmacies, une partie importante de la population égyptienne continue à montrer des réticences envers la campagne LMC et le lait conditionné en particulier.

De ceci provient la problématique de notre recherche qui est la consommation du lait en vrac en Egypte et les motivations de choix d'un type spécifique du lait chez la population égyptienne.

De cette problématique découle l'objectif principal de notre étude qui est de comprendre les préférences et analyser les connaissances des égyptiens au sujet du lait et les produits laitiers pour améliorer quantitativement et qualitativement leur consommation laitière.

Le plan de ce travail s'articulera sur la présentation de la production et la consommation laitière mondiale et la problématique de la consommation du lait cru en Egypte suivi par une présentation détaillée du lait. Ensuite, nous exposerons la méthodologie de l'étude, les résultats obtenus et la discussion des résultats. La dernière partie sera consacrée aux suggestions et la proposition d'une démarche multisectorielle visant aux changements des habitudes alimentaires des égyptiens.

1. Le lait dans le monde

1.1. Production mondiale du lait

D'après la FAO, environ 150 millions de famille à travers le monde sont engagés dans la production de lait. Dans la plupart des pays en développement, le lait est produit par les petits producteurs, et la production de lait contribue aux moyens de subsistance de ces familles, leur sécurité alimentaire et leur nutrition. En plus, la production laitière fournit des revenus relativement rapides pour ces petits producteurs(FAO, n.d.-b).

Au cours des dernières décennies, les pays en développement ont augmenté leur part dans la production laitière mondiale. Cette croissance est principalement le résultat d'une augmentation du nombre d'animaux producteurs de lait plutôt que d'une croissance de la productivité par animal. Dans les pays en développement, la productivité laitière est limitée par les ressources fourragères de mauvaise qualité, les maladies, l'accès limité aux marchés et aux services et le faible potentiel génétique des animaux laitiers. Contrairement aux pays développés, de nombreux pays en développement ont des climats chauds ou humides qui sont défavorables à la production laitière (FAO, n.d.-b).

Au cours des trois dernières décennies, la production mondiale de lait a augmenté de plus de 50 pour cent, de 482 millions de tonnes en 1982 à 754 millions de tonnes en 2012. L'Inde est le plus grand producteur de lait au monde, avec 16 pour cent de la production mondiale, suivie par les Etats-Unis d'Amérique, la Chine, le Pakistan et le Brésil (FAO, n.d.-b).

1.2. Consommation mondiale du lait

Plus de 6 milliards de personnes dans le monde entier consomment du lait et des produits laitiers. La majorité de ces personnes vivent dans les pays en développement.

La consommation par habitant du lait et des produits laitiers est plus élevée dans les pays développés, mais l'écart avec les pays en développement se réduit, du au développement et à la modernisation de l'élevage animal et de l'industrie laitière accompagnés par les efforts des organisations mondiales et des ONG qui visent toujours à améliorer l'état nutritionnel dans les pays en développement (FAO, n.d.-a).

La demande de lait et de produits laitiers dans les pays en développement augmente avec celle des revenus, de la croissance démographique, de l'urbanisation et des changements dans les régimes alimentaires. Cette tendance est particulièrement marquée dans l'Est et le Sud-Est de l'Asie, en particulier dans les pays très peuplés comme la Chine, l'Indonésie et le Viet Nam. Depuis le début des années 1960, la consommation de lait par habitant dans les pays en développement a pratiquement doublé (FAO, n.d.-a).

Selon le FAO, la consommation annuelle du lait et produits laitiers[1] par habitant dans le monde est répartit comme ce qui suit (FAO, n.d.-a):

- Une consommation élevée (> 150 kg / habitant / an) en Argentine, Arménie, Australie, Costa Rica, l'Europe, Israël, le Kirghizistan, l'Amérique du Nord et le Pakistan ;

- Une consommation moyenne (30 à 150 kg / habitant / an) en Inde, République islamique d'Iran, Japon, Kenya, Mexique, Mongolie, Nouvelle-Zélande, Afrique du Nord et du Sud, la plupart du Proche-Orient, de l'Amérique latine et les Caraïbes ;

- Une consommation faible (<30 kg / habitant / an) en Chine, l'Ethiopie, la plupart de l'Afrique centrale, de l'Est et du Sud-Est d'Asie.

1.3. Consommation du lait cru (lait en vrac)

1.3.1. Consommation du lait cru (lait en vrac)

La vente du lait en vrac est très répandue dans les pays en développement où le lait est vendu dans les fermes et les zones rurales ou transporté aux magasins des villes. Ce transport – généralement – ne respecte pas les normes d'hygiène et la chaine de froid, ceci mène à des détériorations et à la croissance des bactéries pathogènes sans oublier les adultérations et les fraudes pratiquées par les vendeurs et non remarquées par les consommateurs.

---

[1] La consommation du lait (liquide), des fromages, beurre et n'importe quels autres produits laitiers

Selon Tetra Pak, environ 51% du lait consommé dans les pays en développement était vendu en vrac face à 49% vendu dans des emballages en 2010(Tetra Pak, 2011b). Les ventes du lait conditionné devraient atteindre 55% en 2014 et grimper à 70% d'ici 2020.(Tetra Pak, 2011b)

La consommation du lait cru est répandue dans les pays en développement ou on trouve un pourcentage remarquable de consommation sur-place comme l'Inde qui a une consommation sur-place arrive à 45% (IFCN & FAO, 2010) et une consommation du lait en vrac arrivant à 70% (Tetra Pak, 2011b).

La consommation du lait en vrac dans les pays en développement surtout les zones rurales est probablement une pratique traditionnelle. En plus, il est moins cher de consommer le lait collecté que d'acheter du lait pasteurisé de l'extérieur.

Ce phénomène est toujours présent dans quelques pays développés. De 5 à 10% du lait dans les pays développés est consommé cru. Le reste du lait cru est transformé en produits laitiers dérivés (Aksoy & Beghin, 2005).

1.3.2. Règlementations de la vente du lait cru

Les règlementations de la distribution commerciale du lait cru varient à travers le monde et même à l'intérieur d'un même pays, comme aux États-Unis et au Canada.
Dans la plupart des pays développés la vente directe du lait cru est devenue interdite. Quelques pays ont permis la vente directe mais avec des conditions d'hygiènes strictes et des examens périodiques.

Aux Etats-Unis, la vente du lait cru est toujours légale dans au moins 30 États. Entre 35-60% des familles résidant dans les fermes et les zones rurales des États-Unis consomment le lait cru (Centers for Disease Control and Prevention, 2014 ; American Academy of Pediatrics, 2014 ; Krause & Hendrick, 2011; Lejeune & Rajala-Schultz, 2009). Ce chiffre qui est pratiquement faible pose souvent des problèmes sanitaires et des intoxications alimentaires (American Academy of Pediatrics, 2014; Longenberger et al., 2013). Le lait cru posait toujours un débat aux États-Unis concernant la sécurité alimentaire et la légalisation de la vente(CDC, 2014).

Au Canada, la vente directe du lait cru est complétement interdite depuis 1991. Les règlementations canadiennes exigent la pasteurisation de tout le lait disponible à la vente(Health Canada, 2005).

En France, la vente du lait cru est légalisée. Selon l'arrêté du 13 juillet 2012 qui fixe les conditions de produire et de mettre sur le marché du lait cru de bovidés, de petits ruminants et de solipèdes domestiques remis en l'état au consommateur final (Ministère de L'Agriculture de l'Agroalimentaire et de la Forêt, 2012).

Au Royaume-Uni, selon l'agence des normes alimentaires (Food Standards Agency) la vente du lait cru est permit sauf à l'Écosse (FSA, n.d.).

Quant aux pays en développement, la vente du lait cru et du lait en vrac est non réglée, due à des pratiques traditionnelles et l'absence d'éducation nutritionnelle et des règlementations. Plus de 75% du lait commercialisé dans les pays en développement est vendu cru par des filières informelles (Krause & Hendrick, 2011). L'absence de législations encourage les actes de fraudes et l'apparition des maladies d'origines alimentaires (Broglia & Kapel, 2011).

1.3.3. Risques de consommation du lait cru

Les microorganismes pathogènes peuvent être introduits dans le lait même par les animaux en bonne santé. Aussi, les procédures de manipulation du lait à la ferme peuvent-ils augmenter les microorganismes pathogènes dans le lait (Krause & Hendrick, 2011).

Le lait cru est un moyen de transmission des pathogènes, il est souvent associé aux infections d'origine alimentaire (Schmidt & Davidson, 2008). Comme exemple de ces bactéries on peut citer : *Brucella sp., Campylobacter jejuni, Coxiella burnetii, Staphylococcus aureus, Listeria monocytogenes, Mycobacterium bovis, Salmonella sp., Escherichia coli, Shigella sp., Yersinia entercolitica*(American Academy of Pediatrics, 2014; Lejeune & Rajala-Schultz, 2009; Longenberger et al., 2013).
En plus de ce que ces agents pathogènes affectent la santé des consommateurs du lait cru, ils sont particulièrement dangereux pour les femmes enceintes, les enfants, les personnes âgées et les immunodéprimées(American Academy of Pediatrics, 2014).

Durant les traitements thermiques le lait est chauffé à des températures élevées pour détruire les bactéries qui peuvent provoquer des maladies, ce qui le rend propre à la consommation. Pour cette raison la pasteurisation du lait (ou n'importe quelle traitement équivalent) a été reconnue dans le monde entier comme une procédure de contrôle de la santé publique. Chaque pays a ses propres normes concernant le traitement thermique du lait (Krause & Hendrick, 2011).

A noter que les traitements thermiques ne peuvent jamais fixer un lait de mauvaise qualité et le rendre approprié à la consommation, démarrer avec un lait de bonne qualité est obligatoire.

1.3.4. Cas de fraude du lait

Le lait est l'un des aliments couramment associés aux fraudes alimentaires. Ces pratiques frauduleuses peuvent être l'élimination ou le remplacement des constituants du lait ou l'addition des substances étrangères pour masquer sa qualité inférieure (Johnson, 2014). Les fraudes du lait sont envahissantes dans les pays en développement due aux corruptions et au manque de surveillance des autorités. Prenat l'exemple de l'Inde où 70% du lait disponible dans le marché montre des signes d'adultérations (Nirwal et al., 2013) (Annexe 18).

Un des cas de fraude les plus connues est le scandale du lait frelatée en 2008 qui a éclaté en Chine. La mélamine était ajoutée au lait de consommation et aux formules infantiles afin de les faire apparaître plus riches en protéines. Ces denrées contaminées avaient rendu malades environ 300 000 enfants chinois et avait tué six nourrissons (Johnson, 2014; Skinner, Thomas, & Osterloh, 2010).

2. Problématique de la consommation laitière en Egypte

2.1. Contexte général du pays

Figure 1: Densité de la population en Egypte

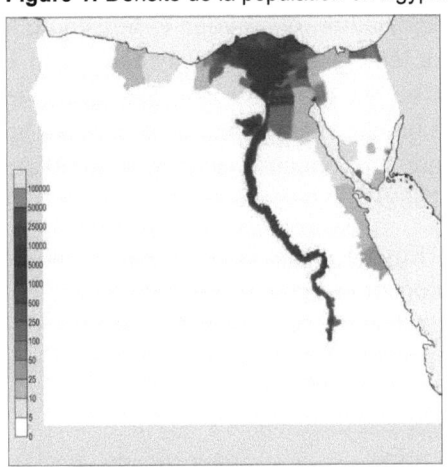

La République Arabe d'Égypte est un pays qui se trouve au nord-est de l'Afrique. Avec une superficie de 1 million km². Son territoire est constitué principalement de désert. Seuls 35 000 km² soit 3,5 % de la superficie du pays est cultivée et habitée de manière permanente. 43% de la population se concentre dans les zones urbaines, tandis que 57% vit dans les zones rurales.

Source : Wikipédia

L'Égypte est considérée comme un pays émergent. Son économie est basée sur le tourisme, le pétrole, les revenus du canal de Suez, l'agriculture et l'exportation.

Tableau 1: Données générales sur l'Egypte

Variable	Chiffre
Population	88 millions
Espérance de vie	73.5 ans
Population moins de 15 ans	32%
Indice de Développement Humain (IDH)	0.682 (110eme)
PIB par habitant	$6,141
Niveau d'instruction (15+)	78%
Taux de croissance annuel	2.1%
Taux de chômage	13.4%
Taux de pauvreté	26% (4,4% sous le seuil de pauvreté)
Accès à l'eau potable	99%
Accès à l'assainissement	95%

Source: Human Development Reports,2014; WHO, 2013 ;Central Agency for Public Mobilization And Statistics, 2013

2.2. Histoire du lait en Egypte

Le lait a toujours joué un rôle prédominant dans les rituels et la cuisine égyptienne, un rôle poursuivi jusqu'à nos jours. Les Pharaons ont commencé à domestiquer les animaux il y a 6000 ans. La vache était sacrée chez les Pharaons, elle était une déesse nommée Hathor, qui gardait la fertilité de la terre. Les Pharaons ont laissé plusieurs témoignages de leur intérêt pour la production laitière dans les écritures et les gravures trouvées dans les tombeaux et les temples dépeignant les bétails et les pratiques laitiers. Le lait était collecté dans des pots en argile qui sont encore utilisés par nombreux fermiers jusqu'à maintenant (El-Rafey, 1962).

A notre ère, au cours les années 50, l'Egypte rurale était autosuffisante en produits laitiers. Le lait était souvent consommé sur place dans les zones rurales et transporté vers les zones urbaines ou quelques magasins et laiteries traditionnelles produisaient des fromages et des yaourts en petites quantités (Soliman, 2001).

En 1960, le Président Gamal Abd El-Nasser a établi la Compagnie Egyptienne du Lait (Misr Milk Company) qui était la seule industrie de transformation du lait en Egypte et le Moyen-Orient à cette époque. Cette compagnie était lancée sous le slogan « un verre de lait pour chaque citoyen » et produisait du lait pasteurisé, des yaourts et des fromages.

Depuis les années 80 et le début de la période de l'ouverture économique, le secteur privé a pénétré le domaine de l'industrie laitière. Actuellement, plus de 30 usines de produits laitières dont 14 usines produisent du lait de consommation et des milliers de stations de production artisanale excitent en Egypte et offrent une vaste gamme de produits.

2.3. Production laitière en Egypte

L'Égypte a contribué à la production laitière mondiale en 2012 avec 6 millions de tonnes de lait répartit comme suit(Central Agency for Public Mobilization and Statistics, 2013; FAO, 2012):

- 3,25 millions de tonnes de lait de vaches ;
- 2,65 millions de tonnes de lait de bufflonnes ;
- 97 milles de tonnes de lait de mouton ;
- 20 milles de tonnes de lait de chèvres.

La production laitière a beaucoup évolué depuis les années 90, due à l'évolution des méthodes d'élevage, de la qualité des fourrages et de l'introduction des nouvelles espèces d'animaux caractérisées par leur production laitière élevée (Annexe 2). L'Egypte est l'un des 5 premiers producteurs mondiaux de lait de bufflonnes avec plus de 4 millions de buffles qui produisent 2,65 millions de tonnes(Central Agency for Public Mobilization and Statistics, 2013; FAO, 2012).

2.4. Consommation laitière en Egypte

Malgré la production laitière et l'évolution de l'industrie agroalimentaire particulièrement dans le secteur laitier, le peuple égyptien reste un faible consommateur de lait. D'après les statistiques de la compagnie Tetra Pak, la consommation de lait (liquide) par les égyptiens atteint 13.9 kg/habitant/an en 2013, ce qui est très faible par rapport à une consommation mondiale moyenne de 32.7 Kg/habitant/an ou celle de pays voisins comme la Lybie qui a une consommation de 22 Kg/habitant/an et la Syrie avec une consommation de 19.2 Kg/habitant/an en 2012[2]. Les raisons en semblent essentiellement financières et réceptives.

2.4.1. Consommation du lait en vrac en Egypte

La vente et la consommation du lait en vrac sont complètement légalisées en Egypte et la majorité des égyptiens préfèrent consommer du lait en vrac que du lait conditionné.

Les préférences particulières des égyptiens sont dues à des raisons sensorielles, socio-culturelles et économiques.

Le pays est essentiellement agricole et 57% de la population réside dans les zones rurales. Ce qui favorise la consommation du lait cru. La fraicheur et le gout spécial du lait cru qui sont difficilement perçus dans le lait conditionné puisqu' il ne possède pas les mêmes caractères organoleptiques du lait cru.

---

[2] Ces chiffres représentent la consommation du lait avant les crises récentes

Le lait cru vendu en vrac est exposés à plusieurs dangers depuis sa sortie du pis jusqu'à sa consommation dont on peut citer :

- Le manque d'hygiène durant la traite et le transport du lait ;
- La chaine de froid non respectée ;
- Les fraudes des vendeurs ;
- La négligence et la manque de connaissance des éleveurs, des vendeurs et des consommateurs.

En plus, le lait en vrac est vendu dans des sacs en polyéthylène selon la taille désirée. Ceci ajoute aux dangers entourant le lait durant son trajet vers les consommateurs. Le transport est souvent par des véhicules, mais parfois les vendeurs se déplacent à pied ou à bicyclette ou par des motocycles (Tetra Pak, 2011a).

64% du lait en Egypte est acheté en vrac dont une grande partie est soumise à l'adultération et d'autres pratiques frauduleuses illégales allant du mouillage à l'écrémage à l'addition des neutralisants et même la Formaline et la Mélamine.

Figure 2: Un exemple de moyen de transport du lait cru en Egypte

Source: Tetra Pak Dairy Index, 2012

A noter que le lait acheté en vrac ne se consomme pas cru, le lait est préalablement bouilli à domicile avant de le consommer mais l'ébullition est insuffisante pour assurer la sécurité du lait surtout s'il est de qualité inférieure.

2.4.2. Cas de fraudes en Egypte

La majorité du lait en vrac sur les marchés égyptiens est modifié ou adultéré. Le sujet d'adultération de lait était toujours l'un des enjeux discuté par le gouvernement, les medias et la population. En plus, un secteur de la population commence à se tourner vers le lait conditionné vu qu'il est plus sécurisé face au manque de vigilance et des cas de corruptions préoccupantes.

Parmi les pratiques d'adultérations les plus répandues on peut mentionner :
- Le mouillage du lait ;
- L'écrémage qui est souvent suivi par l'addition du gras végétal pour masquer l'adultération. La crème récupérée est vendue séparément ;
- L'addition de la Formaline pour éviter l'acidification du lait due à la croissance bactérienne. Cette pratique est très répandue et crée plusieurs enjeux chez les consommateurs due aux effets nocifs de la Formaline[3] ;
- L'addition de la poudre de céramique.

2.4.3. Législation de la vente du lait cru en Egypte

Les législations égyptiennes n'interdissent pas la vente du lait cru aux consommateurs. L'organisation égyptienne de la standardisation et le contrôle de qualité a publié des normes concernant la qualité de lait cru destiné à la consommation ou à la transformation (Egyptian Organization for Standardization and Quality Control, 2005). Ces normes concernent plusieurs domaines comme la numération bactérienne, la teneur en gras et en solides non gras SNF, les conditions de production et de transport, la santé des manipulateurs et les pratiques de vente.

Cependant, les normes et les lois ne sont ni appliqués ni respectés due au faible encadrement des autorités égyptiennes. C'est pour cela, la vente du lait en vrac reste exposée aux dangers sanitaires et aux fraudes des éleveurs, des vendeurs et des médias.

2.4.4. Consommation du lait conditionné en Egypte

Bien que le lait conditionné a une part considérable dans le marché égyptien. La consommation du lait conditionné représente seulement 36% de la consommation globale du lait en Egypte.

Plusieurs malentendus étaient associés avec le lait conditionné depuis son introduction au marché égyptien. C'est pour cela qu'une partie considérable de la population égyptienne montre des réticences envers ce type de lait. Ceci est dû aux habitudes culturelles solides et au manque d'éducation nutritionnelle.

---

[3] Solution à 40% de formaldéhyde dans l'eau

En plus, le prix du lait conditionné est relativement supérieure au lait en vrac, un litre de lait cru en vrac coute environ 8 LE pour le lait de bufflonne et entre 5 à 6 LE pour le lait de vache, tandis qu'un litre de lait conditionné qui est un lait de vache coute entre 7 à 8 LE.

La consommation du lait conditionné est plus répandue chez les ménages à revenu moyen ou élevé et aux zones urbaines surtout le Grand Caire et l'Alexandrie où les supermarchés et les grandes surfaces sont très répandus.

La modernisation et l'influence par les classes sociales supérieures accompagnées par l'augmentation de niveau d'instruction et le rythme de vie trop rapide surtout chez les femmes travaillantes ont motivé un secteur la population égyptienne à se tourner vers le lait conditionné. Quelques-uns ont référer leurs changements due aux fraudes et au manque d'hygiène des vendeurs ceux qui les a forcé à se diriger vers le lait conditionné produit selon des normes de sécurité supérieures.

2.5. Caractéristiques et préférences des égyptiens

Manger fait une partie intégrante de la culture égyptienne. Les égyptiens ont des préférences particulières en ce qui concerne leur alimentation. 37.6% des revenus sont dépensés sur l'alimentation dont 13,2% pour le lait, les produits laitiers et les œufs (Central Agency for Public Mobilization And Statistics, 2013).

A part de lait de vache, le lait de bufflonne a une part plus considérable dans le marché égyptien. Un secteur non négligeable de la population le préfère en raison de son aspect plus crémeux et onctueux que celui du lait de vache ce qui se traduit dans le gout des aliments préparés à base de lait et notamment quad il est ajouté au thé ou au café. Mais, le lait de bufflonne se vend généralement en vrac dans les épiceries et dans les laiteries dans des sacs en polyéthylène. Ceci augmente les risques de maladies dues à l'exposition à l'air, aux polluants et l'absence de pratiques hygiéniques des vendeurs. Ce problème est toujours présent par rapport au lait de vache à la différence qu'il est aussi disponible sous forme conditionnée et traitée thermiquement ce qui n'est pas le cas du lait de bufflonne.

A propos des adultérations et le manque d'hygiène du lait cru, la plupart des égyptiens ne tiennent pas compte de ces aspects sanitaires. Ils préfèrent consommer le lait en vrac au lieu du lait conditionné ayant des pensées qu'il est frais, moins cher et qu'il a plus de qualités nutritives que le lait conditionné sans oublier son goût crémeux. Sans oublier la couche de la crème formée à la surface du lait après l'ébullition considérée comme un aliment très prisé par le peuple égyptien, souvent consommée avec du miel ou de la confiture, introduite dans plusieurs recettes de cuisine ou utilisée pour la fabrication du ghi qui est un ingrédient essentiel de la cuisine égyptienne.

Comme partout au monde, les égyptiens prennent normalement trois repas par jour. Le premier repas est souvent une boisson chaude (thé, thé au lait ou un café) accompagnée par des biscuits, un sandwich, une pâtisserie, du fromages, de la confiture ou des fèves (Hassan-Wassef, 2004). Les enfants prennent un verre de lait ou un thé au lait comme boisson accompagnée par un sandwich ou un bol de céréales dans les ménages à revenu plus élevé. Une grande partie des enfants égyptiens ne consomment pas le lait de manière quotidienne pour des raisons à la fois préférentielles et économiques.

La plupart des femmes égyptiennes préfèrent préparer elles-mêmes les repas en utilisant des ingrédients frais. C'est l'une des raisons qui les amènent à consommer le lait cru vendu en vrac. Mais, ce n'est pas le cas des femmes travaillant qui cherchent des aliments conditionnés prêts à consommer ou des produits congelés pour ne pas perdre de temps à faire les courses et cuisiner (Berry, 2010).

Avec la modernisation, l'urbanisation et l'augmentation de revenus, les égyptiens sont attirés par les habitudes de consommation alimentaire occidentales. Ce mouvement est favorisé par le nombre croissant de chaînes de supermarchés et d'hypermarchés plein de produits importés qui se trouvent notamment au Caire et à Alexandrie. (Berry, 2010).

2.6. Initiative de la conversion du lait en vrac

En 2009, la compagnie Tetra Pak a fait le premier pas pour réduire la consommation du lait en vrac en Egypte par la mise en place le projet LMC (Initiative de conversion du lait en vrac ou Loose Milk Conversion Initiative).

2.6.1. Présentation du projet LMC

Dans plusieurs pays du monde le lait se vend souvent en vrac dans des sacs en plastique sans précautions d'hygiène ou de refroidissement. Ceci présente un risque sanitaire élevé pour les consommateurs qui sont principalement des enfants. Des comptes bactériens très enlevés, des adultérations et des concentrations élevées de Formaline, de Bicarbonate de Sodium et d'autres additifs utilisés pour a prolongation de la durée de vie face à la chaleur et la manque d'hygiène.

L'initiative de conversion du lait en vrac ou Loose Milk Conversion Initiative LMC est un projet qui vise à la réduction et par la suite la terminaison de la consommation du lait en vrac et inciter les peuples à augmenter leur consommation laitière surtout les produits laitier conditionné et produit aseptiquement. Le programme a commencé en Turquie en 1999/2000 a eu un grand succès au niveau de l'augmentation de consommation des produits laitiers par habitant et la conversion vers les produits conditionnés. Ces résultats on encouragées la compagnie a appliqué le projet en Iran, en Égypte, au Pakistan et au Maroc.

2.6.2. Succès du projet en Egypte

En 2009, la compagnie Tetra Pak a démarré le projet en Egypte avec la collaboration du Ministère de La Santé, l'Université d'Alexandrie, la Chambre des Industries Alimentaires et l'Association Pédiatrique Egyptienne sous le logo « Milk for Life ou Lait pour la vie ». Avec une consommation de lait en vrac qui arrive à 77% en 2011(Tetra Pak, 2011b), l'éducation des consommateurs sur les bienfaits du lait conditionné est essentiel afin d'atteindre les buts de projet. La compagnie a eu un grand succès à attirer l'attention du peuple égyptien par des campagnes de sensibilisation, des annonces télévisées, des séminaires pour les femmes et les étudiants aux universités et aux écoles et des publicités dans les pharmacies. La sensibilisation se concentrait sur les bienfaits du lait conditionné et les dangers potentiels avec du lait en vrac. Le slogan « Votre santé est dans cette boîte » et le logo de la compagnie Tetra Pak étaient affichés sur les paquets pour inciter les gens à consommer ce type de lait. Le projet a utilisé l'emballage Tetra Fino Aseptic (Annexe 13) comme agent convertisseur. Cet emballage est suffisamment solide pour supporter de longs trajets de distribution à travers l'Egypte. En plus, il est moins couteux ce qui affecte le prix du produit finale. Ce fait a permis aux consommateurs à faible revenu qui consomment normalement le lait en vrac d'être la population ciblée du projet. Le programme a su changé la consommation laitière en Egypte (Figure 3). La part de marché du lait traité en Égypte qui était moins de 1% pendant les années 80 a augmenté de 21% en 2009 à 36% en 2013. Cette croissance est le résultat des activités menées par la compagnie Tetra Pak et ses collaborateurs. Les responsables du projet ont l'ambition d'atteindre 80% du marché égyptien vers 2020 (Tetra Pak, 2012).

Figure 3: L'évolution de la consommation du lait conditionné vs. le lait en vrac

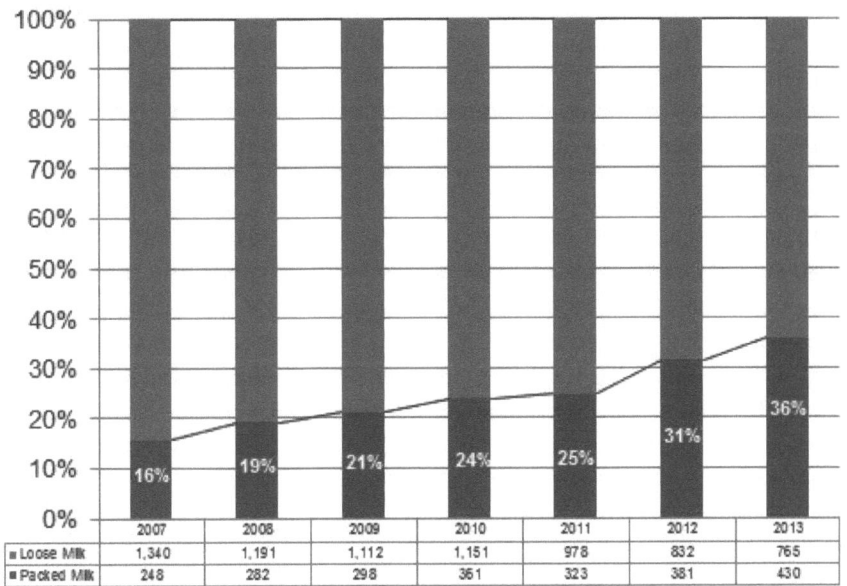

2.6.3. LMC et les Objectifs du Millénaire pour le développement

La compagnie Tetra Pak est fortement engagée au développement mondial et la réalisation des objectives du Millénaire pour le développement (OMD). Les projets de l'Alimentation pour le Développement (FfD) s'adressent directement aux six objectifs et indirectement à huit.

Le projet LMC qui est l'un de bons exemples, s'adresse à plusieurs objectifs de développement et montre comment une coopération élargie peut aider à la fois à améliorer la sécurité alimentaire et au développement de l'entreprise. En plus, ce projet a utilisé plusieurs voies de sensibilisation telles que les publicités télévisées, les informations disponibles dans les pharmacies et des séminaires pour les femmes aux écoles et aux universités. Ceci donne un intérêt spécial au rôle féminin dans le développement social et le changement des habitudes alimentaires vue qu'elles sont responsables de la famille, la nutrition et le soin des enfants.

2.7. Question de recherche

Le peuple égyptien est un faible consommateur du lait avec une consommation de 13.9 kg/habitant/an en 2013 et la consommation du lait en vrac s'élève à 64% de la consommation laitière totale du pays. Le manque de vigilance est très répandu, les fraudes sont envahissantes et le pays a un climat chaud et humide surtout en été, favorisant la détérioration des produits alimentaires. Ces facteurs accompagnés par la sensibilisation insuffisante rendent la consommation du lait en vrac une menace de santé publique pour les égyptiens.

La population égyptienne continue à consommer le lait en vrac même qu'ils sont au courant de tous les dangers qui l'entoure. En plus, une grande partie de la population montrent des réticences envers les campagnes de sensibilisation contre les dangers du lait en vrac. De cette situation, il parait opportun de comprendre les préférences des égyptiens par rapport au lait et les produits laitiers. De cette question découle une question secondaire qui est de savoir les facteurs influents le choix de type de lait chez la population égyptienne.

2.8. Objectifs de l'étude

L'objectif principal de cette étude est de comprendre les préférences et analyser les connaissances des égyptiens au sujet du lait et des produits laitiers pour améliorer quantitativement et qualitativement leur consommation laitière.

Les objectifs spécifiques d notre étude sont :

1. Décrire les connaissances des égyptiens au sujet du lait et sa consommation et les risques entourant la consommation du lait en vrac ;
2. Identifier les facteurs qui orientent la population vers un type spécifique de lait;
3. Proposer une stratégie qui vise à inciter la population à consommer du lait conditionné.

3. Cadre théorique de l'étude : Présentation du lait

3.1. Définition du lait

Le lait est définit par le Codex Alimentarius comme étant la sécrétion mammaire normale d'animaux de traite obtenue à partir d'une ou de plusieurs traites, sans rien y ajouter ou en soustraire, destine à la consommation comme lait liquide ou à un traitement ultérieur (Codex Alimentarius, 2007).
Le lait sans indication de l'espèce d'où il provient correspond au lait de vache.

Etant une bonne source de carbohydrates, lipides, glucides et protéines aussi bien que les vitamines et les minéraux. Le lait contient tous les nutriments nécessaires pour supporter la croissance d'un jeune mammifère à partir de la naissance jusqu'à la fin de la vie (UNIFEM, 1996; Vignola, 2002).

3.2. Le lait à travers les âges

Les humains consomment le lait de diverses espèces comme un nutriment essentiel depuis des milliers d'années. L'homme a commencé l'agriculture et la domestication des animaux entre 10 000 et 8000 av. J.-C. et la transition de la vie nomade à la vie sédentaire a permis à l'intégration du lait dans l'alimentation humaine. Depuis 4000 av. J.-C. le lait est consommé de manière régulière. (Vignola, 2002)

En 2000 av. J.-C. la domestication des vaches est apparue en Inde où la vache est devenue un animal sacré et le lait est habituellement utilisé comme offrande pendant les rituels hindou et bouddhiste.

Les premières écritures hébraïques contiennent de nombreuses preuves de l'utilisation généralisée de lait depuis très longtemps. L'Ancien Testament se réfère à « un pays où coulent le lait et le miel» une vingtaine de fois.

Dans le Coran, le lait est cité dans la sourate (16) Al-Nahl (Les Abeilles) : « Il y a certes un enseignement pour vous dans les bestiaux : Nous vous abreuvons de ce qui est dans leurs ventres, - [un produit] extrait du [mélange] des excréments [intestinaux] et du sang - un lait pur, délicieux pour les buveurs (66) ». Et en Sourate (47) Mohamad : « Voici la description du Paradis qui a été promis aux pieux : il y aura là des ruisseaux d'une eau jamais malodorante, et des ruisseaux d'un lait au goût inaltérable, et des ruisseaux d'un vin délicieux à boire, ainsi que des ruisseaux d'un miel purifié.

Et il y a là, pour eux, des fruits de toutes sortes, ainsi qu'un pardon de la part de leur Seigneur. [Ceux-là] seront-ils pareils à ceux qui s'éternisent dans le Feu et qui sont abreuvés d'une eau bouillante qui leur déchire les entrailles? (15) ». Le jeûne du Ramadan est traditionnellement rompu avec un verre de lait et des dattes.

Les premiers bovins ont été introduits au Nouveau Monde en 1525. Peu de temps après, certains ont fait leur chemin vers l'Amérique du Sud.

En 1862, Louis Pasteur a effectué les premiers tests de pasteurisation. Cette découverte a permis d'assurer la salubrité du lait et la capacité de le conserver et de le distribuer à l'extérieur de la ferme.

3.3. Composition du lait

La composition du lait varie significativement d'une l'espèce à l'autre (Tableau 2). Dans la plupart des pays du monde le lait est produit principalement par les vaches. D'autres mammifères tels que les bufflesses, les brebis, les chèvres et les chamelles sont toujours utilisés dans plusieurs pays.

Tableau 2: La composition moyenne (en%) du lait de différentes espèces

Espèce	Eau	Lipides	Protéines	Lactose	Minéraux
Femme	87.43	3.75	1.63	6.98	0.21
Vache	87.20	3.70	3.50	4.90	0.70
Chèvre	87.00	4.25	3.52	4.27	0.86
Bufflesse	82.76	7.38	3.60	5.48	0.78
Brebis	80.71	7.90	5.23	4.81	0.90

Source: Intermediate Technology Publications & UNIFEM, 1996

La composition peut toujours varier au sein d'une espèce particulièrement selon la race, le type d'alimentation, le climat et le stade de lactation.(UNIFEM, 1996)

La caséine est la protéine principale du lait qui représente 80% des protéines du lait, les autres sont appelés protéines de sérum (lactosérum) et constituent les 20% restants. Les protéines de sérum aussi appelés protéines solubles sont α-lactalbumine, β-lactoglobuline, immunoglobulines, sérum albumine bovine (SAB) et la lactoferrine.

La matière grasse du lait se compose de triglycérides, de phospholipides et d'une fraction insaponifiable constituée majoritairement de cholestérol et de β-carotène, précurseur de la vitamine A. En plus, le lait contient une quantité non négligeable d'acides gras insaturés tels que l'acide oléique, linoléique, linolénique et arachidonique.

Le lactose qui est le sucre principal du lait constitue 40% des solides totaux laitiers. Ce sucre a un effet sucrant très faible. Ainsi, le lait ne possède pas un goût sucré.

La fermentation bactérienne du lactose génère l'acide lactique qui amène les caséines au point isoélectrique et par suite le caillage. Ce phénomène est utilisé dans la fabrication du yaourt, des fromages et des laits fermentés.

Le lait est riche en vitamines hydrosolubles et liposolubles. Plusieurs traitements affectent la teneur en vitamines comme l'écrémage qui diminue la teneur du lait en vitamine liposolubles qui vont se concentrer dans la crème (Annexe 3).

Le pourcentage des minéraux contenus dans le lait varie de 0.60 à 0.90% selon la saison, l'alimentation des vaches et en cas de mammite (Annexe 4).

3.4. Intérêt nutritionnel du lait

Le lait est le premier aliment des mammifères et leur seule source de nutriments après la naissance. Sa composition varie d'une espèce à l'autre, reflétant les différents besoins nutritifs selon l'espèce. Le poids d'un veau double après 147 jours de naissance, ce qui nécessite une teneur élevée en protéines et en minéraux. Tandis que le développement du cerveau d'un enfant est deux fois plus rapide que son corps, un lait riche en lactose et en matières grasses est demandé pour fournir le galactose et les acides gras nécessaires au développement cérébral (Vignola, 2002).

Les produits laitiers sont d'excellentes sources de protéines qui constituent environ 25% des solides laitiers. En plus, les protéines du lait sont constituées de 40% d'acides aminés essentiels, qui ne peuvent être synthétisé par le corps humain et doivent être fournis par les protéines alimentaires.

Les protéines de lactosérum sont très bénéfiques telles que la β-lactoglobuline qui est un transporteur de la vitamine A, l'α-lactalbumine qui joue un rôle dans la biosynthèse du lactose, les immunoglobulines qui se divisent en IgG1, IgG2, IgA, IgM et IgE et jouent le rôle d'anticorps, le sérum albumine bovine (SAB) qui est associé au transport des métabolites, hormones, d'acides gras et la lactoferrine qui est porteuse de fer sous la forme d'ions ferriques (Fe^{+3}).

La matière grasse du lait fournit 48% de la valeur énergétique du lait entier. C'est également, une source d'acides gras essentiels comme l'acide linoléique et l'acide linolénique et des acides gras polyinsaturés ω_3 et ω_6, ainsi que des vitamines liposolubles K, E, D et A et de cholestérol qui est le précurseur des hormones stéroïdes et sexuelles et des sels biliaires.

En contrepartie, les lipides laitiers contribuent à plusieurs problèmes de santé, notamment les maladies cardiovasculaires dues à la teneur en acides gras saturés et en cholestérol surtout dans le beurre. Une consommation équilibrée est forcément recommandée.

Le lactose représente 30% de la valeur énergétique du lait. Il aide à l'absorption du Calcium, la synthèse des glycolipides du cerveau et favorise la croissance des bactéries lactiques bénéfiques dans l'intestin humain. Ces souches empêchent la croissance des bactéries putréfiantes et anaérobiques.

Le lait est une bonne source des vitamines hydrosolubles surtout le groupe B qui intervient dans l'utilisation des glucides, des acides gras et des acides aminés. En plus, une excellente source de la vitamine B12 dont la carence entrainent un déficit de synthèse de globules rouges et l'anémie. Les vitamines liposolubles A et D sont présentes en quantités significatives. La vitamine D favorise l'absorption du Calcium et du Phosphore connu par leur rôle dans la formation et le maintien de l'ossature.

Le lait a une teneur élevée en Calcium, Phosphore et Magnésium, principaux constituants minéraux des os, ils permettent le maintien de l'ossature et la réduction de l'hypertension artérielles. Le lait est la meilleure source de Calcium quantitativement et qualitativement. Le lait contient le Calcium en forme soluble et ionique qui est plus absorbé par l'organisme tandis que dans les sources végétale le Calcium est lié avec des agents comme l'acide phytique et oxalique ce qui ralentit son absorption.

Le Calcium, le Magnésium et le Phosphore aident à la prévention des problèmes osseuse comme le rachitisme chez les enfants, l'ostéomalacie chez les adultes et l'ostéoporose chez les personnes âgées et surtout les femmes post-ménopausique (Annexe 5) (Tableau 3).

A noter que la quantité de Calcium dans un verre de lait de 250ml (300mg) est équivalent au Calcium trouvé dans :
- 2 pots de yaourts ;
- 1 Kg. d'oranges ;
- 300 gr. de fromage frais ;
- 30 gr. de fromage ;
- 850 gr. de choux.

Tableau 3: Consommation quotidienne de Calcium recommandée

Age (ans)	Calcium recommande (mg)
Enfant 1-3	500
Enfant 4-8	800
Enfant 9-18	1300
Adulte <50	1000
Adulte >50	1200

Source : Vignola 2002

Quelques effets négatifs peuvent survenir en cas de consommation excessive comme le syndrome de Burnett ou le syndrome des buveurs de lait est une triade de l'hypercalcémie, une alcalose métabolique, et l'insuffisance rénale qui a été identifié en 1923 comme un effet indésirable des traitements des ulcères gastro-intestinales impliquant l'utilisation des produits laitiers et des poudres alcalines. Des recherches ultérieures ont signalé l'apparition des symptômes de toxicité après 4 jours à 4 semaines du début du traitement (Caruso, Patel, Julka, & Parish, 2007).

3.5. Microflore du lait

Avec sa teneur élevée en eau et en nutriments et son pH presque neutre (pH= 6.6 - 6.8) le lait est un milieu très favorable pour la croissance bactérienne surtout s'il est stocké à une température ambiante ≈25°C.

Le lait secrété du pis est stérile mais quelque infections par des bactéries qui pénètrent le canal de trayon peuvent avoir lieu, ce sont généralement des bactéries mésophiles inoffensives. Pour cette raison il est souvent recommandé de se débarrasser des premiers jets de lait qui sont riches en bactéries.

Le lait provenant d'un animal sain ne doit pas contenir plus que 5000 UFC/ml (Vignola, 2002). C'est la flore indigène du lait qui est définie comme l'ensemble des microorganismes qui se trouve dans le lait à la sortie du pis

(Tableau 4). Ce nombre peut fortement augmenter en cas de mammite et le lait devient inconsommable (Bylund, 1995).

Tableau 4: La flore indigène du lait cru

Microorganismes	Pourcentage(%)
Micrococcus sp.	30 - 90
Lactobacillus sp.	10 - 30
Streptococcus sp. *Lactococcus sp.*	< 10
Gram négatifs	< 10

Source : Vignola 2002

Selon leur action, on peut diviser les bactéries en utiles, nuisibles et pathogènes (Vignola, 2002).

3.5.1. Bactéries utiles

Ce sont des bactéries bénéfiques utilisées dans l'industrie laitières, elles sont connues sous le nom de ferments lactiques. Ces bactéries sont utilisées pour l'acidification du lait qui est une étape indispensable dans la fabrication des yaourts, fromages, crème et produits laitiers fermentés. Comme exemple on peut citer : *Lactobacillus bulgaricus, Streptococcus thermophilus* et *Lactobacillus acidophilus*

3.5.2. Bactéries nuisibles

Ce sont des bactéries causant diverses dégradations du lait et des produits laitiers comme le surissement, le caillage du lait, la production des odeurs désagréables à cause des actions métaboliques (lipolyse ou protéolyse), la gazéification du lait et le gonflement du fromage pendant l'affinage. Ces bactéries sont souvent associées avec la transformation non contrôlée. Par exemple : *Pseudomonas sp., Proteus sp.*, les coliformes comme *Escherichia coli* et *Enterobacter,* les sporulés comme *Bacillus sp.* et *Clostridium sp*

3.5.3. Bactéries pathogènes

Ce sont des souches responsables aux plusieurs risques alimentaires qui peuvent être des infections induit par des bactéries comme *Campylobacter jejuni, Listeria monocytogenes, Shigella sonei, Salmonella sp.* ou des intoxication causées par des toxines bactériens comme *Staphylococcus sp.* et *Clostridium botulinum.*

Le nombre des microorganismes dans un produit laitier est l'indicateur de sa qualité et des conditions sanitaires de sa production, qui il détermine la durée de conservation de ce produit (UNIFEM, 1996).

3.6. Hygiène du lait

Pour obtenir des produits laitiers de bonne qualité il est indispensable de maintenir la qualité du lait cru et les autres ingrédients.

Le suivi des normes strictes d'hygiène alimentaire et d'assainissement est obligatoire durant la traite, le transport, l'entreposage et la transformation pour éviter toutes sortes de dégradations microbiologiques, chimiques, mécaniques et sensorielles.

3.6.1. Normes d'hygiène exigées dans l'industrie laitière

Le lait est un aliment extrêmement périssable et nécessite un niveau élevé de propreté et d'hygiène pour diminuer la contamination le plus possible. (UNIFEM, 1996). Ces normes d'hygiène commencent de la traite à la ferme jusqu'à la laiterie.

<u>A la ferme</u>

- Il est préférable que la traite (manuelle ou mécanique) se fasse loin de l'étable pour éviter la contamination avec le foin, les insectes et les excréments ;
- La zone de traite doit être toujours propre et exempte de saletés, d'insectes, rongeurs ou parasites ;
- Les équipements de traite et les ustensiles doivent être proprement lavés et désinfectés avant et après l'utilisation ;
- Le pis de la vache doit être bien nettoyé et désinfecté avant et après la traite ;
- Un examen périodique par un vétérinaire est important pour éviter les maladies et les mammites ;
- Les trayeurs et les ouvriers doivent suivre les normes d'hygiène corporelle : lavages des mains et du corps, la couverture des cheveux et de la bouche, éviter la manipulation du lait en cas de maladies ou d'infections ;
- Le lait collecté doit être couvert et refroidit immédiatement à 4°C avec une agitation douce pour éviter la monté de la crème ;
- Le lait doit rester froid jusqu'à l'arrivée à l'usine laitière.

Le transport du lait de la ferme à l'usine ce fait à l'aide des citernes en acier inoxydable bien isolées pour garder la température du lait durant le transport vers l'usine de traitement ou il est stocké dans des silos réfrigérés avant la transformation.

Si la chaîne du froid est rompue quelque part, par exemple pendant le transport, les microorganismes dans le lait vont commencer à se multiplier ce qui provoque le développement des produits métaboliques et des enzymes.

Le refroidissement ultérieur va arrêter le développement bactérien, mais le dommage a déjà été fait. Le nombre de bactéries sera plus élevé et le lait contiendra des substances qui vont forcément affecter la qualité du produit final (Bylund, 1995).

A l'usine

- Le lait arrivant doit être immédiatement testé pour la qualité microbiologique, la teneur en matières grasse, l'adultération et les caractères organoleptiques ;
- Le lait doit être pasteurise ou refroidit dès son arrivée ;
- Le lait cru doit être stocké séparément du lait pasteurise pour éviter la contamination croisée ;
- Les équipements, les cuves, les tuyauteries et les ustensiles doivent être proprement lavés, désinfectés ou stérilisés avant et après l'utilisation ;
- Les ouvriers doivent porter des uniformes propres, des gants, couvrir leur cheveux et laver leur mains périodiquement.

3.7. Adultération du lait

L'adultération du lait est un évènement bien connu dans le secteur de production laitière qui consiste à la modification des composants du lait ou l'addition des substances non-déclarés dont le but est de maximiser le rendement économique.

Il est important de noter la différence entre l'adultération et l'utilisation légale des additifs alimentaires qui sont des substances – naturelles ou synthétiques – ajoutées volontairement à certains aliments, dans un but précis et dans des conditions déterminées (Groupe de recherche en éducation nutritionnelle (GREEN), 1996).

Selon le Codex Alimentarius, l'utilisation d'additifs alimentaires ne se justifie que si elle comporte un avantage, ne présente pas de risque appréciable pour la santé des consommateurs, remplit une ou plusieurs fonctions technologiques si ces objectifs ne peuvent pas être atteints par d'autres moyens économiquement et technologiquement applicables (Codex Alimentarius, 2014).

Plusieurs types d'adultération sont utilisés dans le domaine de lait et des produits laitiers. Parmi ces méthodes on peut citer :

- Le mouillage du lait qui est la façon la plus courante dans le monde pour falsifier le lait. Il peut être obtenue par l'addition de quantités (élevés ou faibles) d'eau. A nos jours, la plupart des laboratoires, usines de production de lait et même les centres de collectes sont équipés par un cryoscope et d'autres instruments qui déterminent facilement la teneur d'eau ;
- l'addition du lactosérum issu de la production fromagère. Cette méthode est peu connue aussi c'est un peu couteux et difficile à déterminer (Chávez et al., 2012) ;
- L'addition du lait écrémé, lait en poudre[4] ou du lait de vache au lait d'autres espèces animales comme le lait de bufflonne ou de brebis;
- L'écrémage du lait, qui est l'une des méthodes très connu d'adultération. La crème obtenue est vendue séparément ou introduite dans la fabrication de plusieurs produits. Cette méthode est facilement détectable par les tests de détermination de matière grasse ;
- L'addition du gras végétal pour rétablir la teneur du gras suite à l'écrémage ;
- L'amidon est ajouté pour augmenter les solides non-gras (SNF) du lait ;
- L'addition des neutralisants comme la soude caustique NaOH, les bicarbonates de Sodium et les carbonates de Sodium pour masquer l'acidité du lait due au développement bactérien. Ces additifs sont surement interdits due à leurs effets néfastes, la soude caustique est extrêmement dangereuse causant des douleurs abdominales intenses et des lésions de la muqueuse de la bouche, de la gorge, de l'œsophage et de l'estomac ;

---

[4] Il existe un différence entre l'addition non déclarée du lait en poudre comme adultérant du lait et l'addition du lait reconstitué à partir du lait en poudre au lait liquide durant la fabrication du lait UHT (utilisée en cas de l'insuffisance du lait liquide surtout en été).

- L'addition de la Formaline 40% comme agent préservant. Elle aide à préserver le lait et arrêter les croissances bactériennes surtout dans le cas de longs trajets de transport et dans les régions très chaudes. L'ingestion de la Formaline conduit à des effets nocifs immédiats sur presque tous les systèmes du corps, y compris le tractus gastro-intestinal, le système nerveux central, le système cardiovasculaire et le système hépatorénale, provoquant une hémorragie gastro-intestinale, un collapsus cardiovasculaire, une perte de conscience ou des convulsions, une acidose métabolique grave et le syndrome de détresse respiratoire aiguë ainsi que son effet carcinogène. Il est souvent ajouté au lait en petites quantités[5] qui n'ont pas les mêmes effets de l'ingestion mais présente toujours des risques de toxicités au cas de la consommation excessive et l'accumulation dans le corps (Belpoggi et al., 2006; Pandey, Agarwal, Baronia, & Singh, 2000) ;
- L'addition de l'acide benzoïque ou l'acide salicylique qui sont souvent utilisés comme agents conservateurs dans l'industrie agroalimentaire. Ils ne présentent pas de risques sanitaires en cas de doses permit ;
- L'addition de la Mélamine qui est un produit chimique entrant dans divers processus industriels, comme la fabrication de matières plastiques pour des articles de cuisine et de table, ou le revêtement de boîtes de conserve (WHO, 2010). La Mélamine est riche en azote, l'ajout de se composés aux aliments contenant des protéines génère une teneur élevée en protéines et donc un prix plus élevé. Ce type d'adultération est difficile à identifier puisque les méthodes habituelles telle que la méthode de Kjeldahl qui mesure l'azote et le résultat est corrélé aux protéines. L'intoxication par la Mélamine engendre de l'irritabilité, l'hématurie, des signes d'infection rénale et l'hypertension artérielle (Skinner et al., 2010).

3.8. Traitement thermique du lait

Le traitement thermique consiste à chauffer le lait à des températures élevées afin de détruire les germes pathogènes.

Il existe plusieurs types de traitement thermiques qui diffèrent selon la température utilisée et le temps de chambrage. Ces deux facteurs (temps et température) déterminent la durée de conservation du produit due à la destruction plus ou moins complète des microorganismes.

---

[5] La formaline possède une odeur alarmante et l'addition d'une quantité majeure affectera l'odeur du lait et causera une toxicité sévère.

A part l'ébullition limitée à l'usage domestique. Il existe plusieurs types de traitements thermiques pour le lait et les aliments en général.

Tableau 5: Principales catégories de traitement thermiques dans l'industrie laitière

Procédé	Température	Durée
Thermisation	63 – 65°C	15 s
Pasteurisation LTLT du lait	63°C	30 min
Pasteurisation HTST du lait	72 – 75°C	15 à 20 s
Pasteurisation HTST de la crème	>80°C	1 à 5 s
Ultra pasteurisation	125 – 138°C	2 à 4 s
UHT (stérilisation en continu)	135 – 140°C	quelques secondes
Stérilisation en récipients	115 – 120°C	20 à 30 min

Source: Gösta Bylund, 1995

3.8.1. Pasteurisation

Le terme "pasteurisation" fait rappel à Louis Pasteur qui a réalisé des travaux sur l'effet létal de la chaleur sur les microorganismes et l'utilisation du traitement thermique comme technique de conservation.

La pasteurisation du lait est un type de traitement thermique qui assure la destruction certaine du bacille tuberculeux *Mycobacterium tuberculosis*, sans influer nettement sur les propriétés physiques et chimiques du lait (Bylund, 1995).

Ce traitement consiste à chauffer le lait à une température inférieure à 100°C pour tuer seulement les bactéries pathogènes en forme végétative[6] (Vignola, 2002).

Le chauffage se fait à l'aide d'un échangeur de chaleur qui est un dispositif qui permet la transmission de la chaleur entre deux milieux sans les mélanger(Kakaç, Liu, & Pramuanjaroenkij, 2002) (Annexe 6).

Ils existent deux types de pasteurisation :

(1) La pasteurisation LTLT (Low Tempreature Long Time) 63°C pour 30 min
(2) La pasteurisation HTST (High Tempreature Short Time) 72 – 75°C pour 15 à 20 sec

La température de pasteurisation est habituellement de 72 à 75°C pendant 15 à 20 sec puis un refroidissement immédiat à 4°C. Ce traitement élimine les bactéries pathogènes, une partie de la flore normale du lait et des

---

[6] Les microorganismes en développement et en reproduction actif. Leur milieu contient tous les nutriments et les conditions de vie optimales.

enzymes actives. Le lait est ensuite conditionné dans des bouteilles et conservé au froid.

La durée de conservation du lait pasteurisé dépend de la qualité du lait cru utilisé initialement. Couramment cette durée est de 8 à 10 jours, à 5 - 7°C, dans un emballage fermé (Bylund, 1995).

3.8.2. Stérilisation

La stérilisation a pour objectif la destruction totale des microorganismes y compris les spores, ainsi que les enzymes et les toxines. Ce traitement mène à un lait stable et conservable pour 6 mois à la température ambiante (FAO, 1998).

Il y a deux méthodes pour la production du lait stérilisé :

(1) La stérilisation en récipients qui consiste à chauffer le produit avec son récipient à 116°C pour 20 min. <u>Cette méthode est subdivise en deux types :</u>

- La stérilisation discontinue en autoclave à 120°C pour 20 min. L'inconvénient de ce traitement est que le goût et la couleur du lait sont altérés. En plus, sa teneur en vitamines hydrosolubles diminue,
- La stérilisation continue par un stérilisateur horizontal ou vertical (Annexe 7) utilisée lors de la production de 10 000 unités ou plus par jour. On chauffe à une température 125-140°C pour 10 à 25 min.

(2) La stérilisation par le traitement Ultra Haute Température (UHT) qui consiste à chauffer le produit à 135 - 150°C pendant 4 à 15 secondes. Le produit est ensuite refroidit et conditionné aseptiquement[7] dans des bouteilles en plastiques ou des emballages multicouches qui protègent le produit de la lumière et de l'air (Annexe 8). Le UHT donne au lait une bonne stabilité sans trop altérer le goût et la couleur.

Le traitement UHT du lait peut se faire par chauffage directe à l'aide d'échangeurs de chaleur comme ceux de la pasteurisation ou par chauffage indirecte en injectant de vapeur d'eau. Ceci mène à une dilution de 10% et un évaporation est nécessaire pour ramener le lait à sa teneur initiale (FAO, 1998).

---

[7] Le terme aseptique implique l'absence ou l'exclusion de tout organisme indésirable du produit, de l'emballage ou d'autres zones spécifiques.

Tableau 6: Les normes de L'UE pour le nombre de bactéries dans le lait

Types de lait	Comptage sur plaque (UFC/ml)
Lait cru	< 100 000
Lait pasteurisé	< 30 000
Lait pasteurisé après 5 jours d'incubation à 8°C	< 100 000
Lait UHT et stérilisé après 15 jours d'incubation à 30°C	< 10

Source: Dairy Processing Handbook, Gösta Bylund, Tetra Pak, 1995

3.8.3. Effet des traitements thermiques sur le lait

Les traitements thermiques peuvent modifier la composition du lait, ses caractères sensoriels et sa valeur nutritive (Annexe 9) (Debry, 2001). Les effets du traitement sont directement proportionnels avec la température et la durée de traitement.

Les protéines et les vitamines sont les plus affectées par la chaleur, la matière grasse est la moins attaquée.

La caséine résiste aux traitements thermiques: elle coagule seulement après un chauffage d'une heure à 125 °C. Les protéines solubles sont très altérées par la chaleur: La pasteurisation dénature de 10 à 20 % des protéines du lactosérum, la stérilisation UHT directe dénature de 40 à 60 %, tandis que le processus indirect de 60 à 80 %.

A haute température ou lors de très longues périodes de stockage la réaction de Maillard peut se manifester. Les produits de la réaction de Maillard peuvent prendre alors une teinte brune surtout dans les laits stérilisés et évaporés et donnent au lait une odeur et une saveur agréables.

Le chauffage ne modifie pas significativement la qualité de la matière grasse du lait quelle que soit la technique appliquée.

Le chauffage du lait diminue la fraction de calcium et de phosphore solubles, mais sans conséquences importantes pour l'être humain en raison des quantités initiales très élevées de ces minéraux.

Les techniques actuelles de pasteurisation et de traitement UHT ne modifient que peu la teneur vitaminique du lait dont moins de 20% sont altérés. L'ébullition domestique classique qui se fait en haute température pour une durée prolongée et à l'exposition de l'air diminue fortement la valeur vitaminique du lait (Tableaux 7 et 8) (FAO, 1998).

Tableau 7: Effets de divers traitements thermiques sur la perte vitaminique

Procédés	Pertes (%)				
	B1	B6	B12	Acide folique	C
Pasteurisation	10	0-8	10	10	10-25
UHT	0-20	10	5-20	5-20	5-30
Ebullition	10-20	10	20	15	15-30
Stérilisation	20-50	20-50	20-100	30-50	3-100

Source : FAO 1998

Tableau 8: Effets de divers traitements thermiques sur la qualité du lait

Procédés	Effets sur la qualité du lait
Pasteurisation basse et stérilisation UHT	Pas de modification nutritionnelle ou organoleptique
Stérilisation classique	Apparition du goût cuit
	Brunissement du lait
	Pertes notables de thiamine
	Pertes élevées de vitamine B12
Ebullition doméstique	Destruction de la vitamine C
	Diminution de la digestibilité (modification des protéines solubles)

Source : FAO 1998

3.9. Lait de consommation

Le lait doit subir plusieurs traitements pour être convenable à la consommation humaine. Ces traitements peuvent être physiques comme la clarification, l'homogénéisation et la standardisation ou bien des traitements thermiques.

La différence entre le lait pasteurise et le lait stérilisé UHT est dans le traitement thermique appliqué et le conditionnement aseptique en cas du lait UHT, tous les autres procédés sont presque identiques (Figure 4).

3.10. Circuit de fabrication du lait de consommation

3.10.1. Réception

Au moment de la réception du lait on doit s'assurer que sa température respecte les normes. Ensuite, on effectue les analyses sensorielles, microbiologiques et chimiques comme la numération des bactéries totales et des bactéries psychrophiles et psychrotrophes le dosage de la matière grasse, l'acidité, l'eau et les autres composants du lait.

Figure 4: Système UHT indirect à chauffage dans un échangeur à plaques

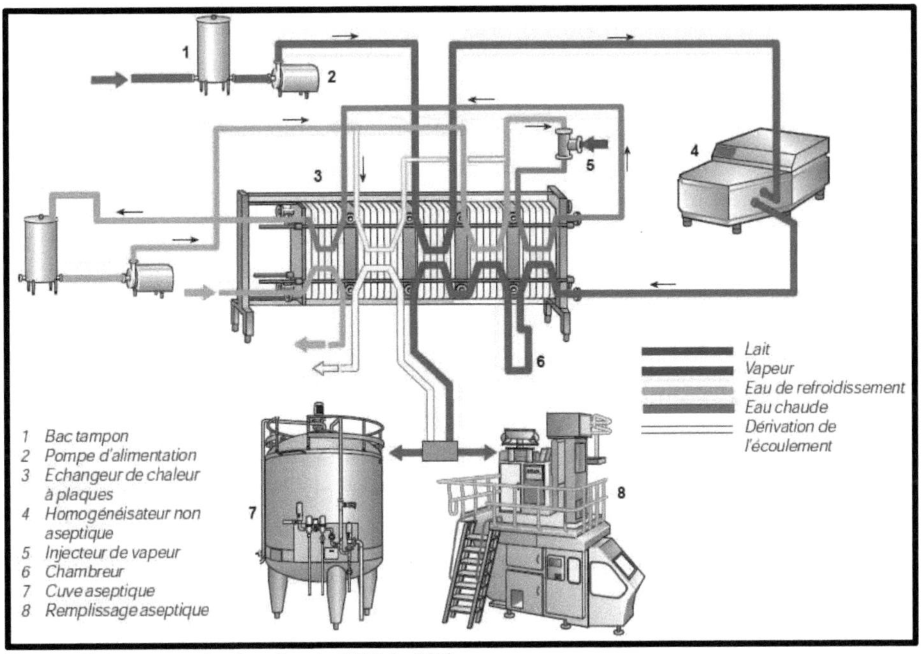

1. Bac tampon
2. Pompe d'alimentation
3. Echangeur de chaleur à plaques
4. Homogénéisateur non aseptique
5. Injecteur de vapeur
6. Chambreur
7. Cuve aseptique
8. Remplissage aseptique

Légende : Lait, Vapeur, Eau de refroidissement, Eau chaude, Dérivation de l'écoulement

Source: Dairy processing handbook, 1995 (p.227)

3.10.2. Clarification

Le lait est soumis à une force centrifuge pour extraire tous les débris cellulaires et les matières étrangères. (Annexe 10).

3.10.3. Standardisation

Ce procédé vise à modifier le teneur en matière grasse du lait. Ceci mène à une variété de laits : entier, demi-écrémé ou écrémé. Le lait passe par une écrémeuse centrifuge qui sépare le lait en crème et lait écrémé (Annexe 11).
Il s'agit de mélanger le lait avec de la crème ou du lait écrémé pour augmenter ou diminue la teneur en gras jusqu'au pourcentage désiré.
Le pourcentage du gras dans le lait entier est de 3.5-3.6%. Tandis que le lait demi-écrémé contient 1.5-1.7% de gras et le lait écrémé a seulement 0.1% de gras.

3.10.4. Homogénéisation

Le lait est un aliment riche en gras représenté sous forme de globules de taille et forme différentes formant une émulsion. Après une durée de 12 à 24 heures au repos, le lait frais a tendance à se séparer en une couche de crème riche en gras au-dessus d'un lait à faible teneur en gras.
L'homogénéisation est un traitement qui vise à stabiliser l'émulsion de la matière grasse afin d'éviter la séparation de la crème par gravité. Ce résultat est obtenu par le passage du lait à travers des orifices ou des valves très étroites sous une pression très élevée (Annexe 12).

3.10.5. Traitement thermique, refroidissement et conditionnement

Le traitement thermique appliqué détermine la durée de conservation du lait selon la température et la durée du traitement qui peut être léger comme la pasteurisation ou sévère comme la stérilisation UHT et la stérilisation en récipient qui est rarement utilisée nos jours-ci. Chacun de ces traitements est suivi par un refroidissement brusque.

En cas d'insuffisance du lait liquide on peut ajouter du lait recombiné à partir du lait en poudre(Codex Alimentarius, 2007; H Kim, Hardy, Novak, Ramet, & Weber, 1984; Ranken, Baker, & Kill, 1997). Ceci n'affecte pas les bénéfices nutritifs du lait, le mélange final du lait frais et lait reconstitué contient les mêmes teneurs en nutriments que le lait frais. Cette addition doit être déclarée sur l'emballage.

4. Matériels et méthodes

4.1. Cadre de l'étude

L'étude s'est déroulée dans la République Arabe d'Egypte, plus précisément dans le gouvernorat d'Alexandrie qui était la résidence de 70.6% des participants. Les 29.4% restants représentaient 12 autres gouvernorats égyptiens.

Le choix de l'Egypte est justifié par sa consommation laitière faible avec 13.9 kg/habitant/an et le taux très élevé de consommation du lait en vrac qui arrive à 64% de la consommation globale du lait. Ces chiffres sont étonnant vue le taux d'instruction considérable, l'augmentation des revenus et la présence d'une industrie laitière très évoluée offrant une gamme de produits répondants aux besoins de la population.

Les égyptiens ont des préférences alimentaires particulières et des habitudes culturelles difficiles à changer. En plus, la population souffre d'un manque de diffusion d'information, d'une sensibilisation sanitaire insuffisante, et d'envahissement des malentendus.

4.1.1. Présentation du lieu de stage

Afin de réaliser cette recherche, un stage professionnel s'est déroulé de juin à aout 2014 à la compagnie Tetra Pak Egypt, Ltd. au Caire, Egypte. Le thème du stage était « La consommation laitière en Egypte : les égyptiens sur la voie d'un lait plus sécurisé ».

Le choix de la compagnie vient de leur intérêt à l'amélioration de l'alimentation des populations surtout celles des pays en développement et promouvoir la consommation des produits conditionnés et sécurisés. En plus, la compagnie a démarré en 2009 l'initiative de la conversion du lait en vrac « Loose Milk Conversion Initiative LMC» en Egypte, ce projet vise à réduire la consommation du lait en vrac dans les pays en développement.

– **Fondation et progrès de la compagnie**

Tetra Pak est une société multinationale d'origine suédoise établie en 1951 à Lund en Suède, par Ruben Rausing. Le siège social est situé à Lund, en Suède, et à Lausanne, en Suisse. La compagnie offre des solutions pour le conditionnement, l'emballage et la transformation des aliments comme les produits laitiers, les jus de fruits, les soupes, la crème glacée, fromages et d'autres produits(Tetra Pak, 2013).

Actuellement, Tetra Pak est la plus grande entreprise de conditionnement alimentaire dans le monde, fonctionnant en plus de 170 pays et comptant plus de 23 000 employés. En 2013, Tetra Pak a vendu 178,412 millions paquets avec des ventes nettes de 11,075 millions Euros (Tetra Pak, 2013).

4.2. Type et période de l'étude

Il s'agissait d'une étude transversale à visée descriptive et analytique qui a été réalisée du 04 juillet au 20 août 2014.

L'étude a porté sur les préférences et les connaissances de la population égyptienne sur le lait et les produits laitiers.

4.3. Population cible et échantillonnage

La cible principale de notre étude était les femmes de 18 ou plus. Le choix des femmes comme la cible principale vient de leur rôle proéminent dans la nutrition des familles, l'organisation du budget, les choix de produits alimentaires et le soin des enfants. Les femmes célibataires étaient aussi touchées par l'étude vue qu'elles seront les mères des générations avenir.

Les hommes étaient la cible secondaire de l'étude. Les hommes qui faisaient partie de l'échantillon sont soit vivant seules pour des raisons professionnelles ou familiales ou vivant avec leurs familles, mais pleinement conscients des courses et de la nutrition de leurs familles.

On a essayé de s'adresser plus précisément aux classes moyennes et moyennes supérieures vu qu'elles sont plus flexibles aux changements et qu'ils ont les moyennes financières qui leur permettent d'augmenter leur consommation laitière et en particulier les produits laitiers conditionné.

L'échantillonnage a été fait de façon raisonnée en tenant compte des moyens utilisés pour la réalisation de l'enquête et de la disponibilité des personnes à enquêter. Le nombre de questionnaire remis étaient 200 mais en prenant en compte les refus et les non-retours de quelques participants on est arrivé à un nombre de 150 réponses.

4.4. Outils de recherche

Afin de réaliser notre recherche on a recourt à un questionnaire administré aux participants (Annexe 1). Le questionnaire était en langue arabe puisque c'est la langue principale du pays.

Le questionnaire se focalisait sur la consommation du lait, leurs préférences, les connaissances et les attitudes des participants à l'égard du lait conditionné et en vrac. En plus, les participants ont été demandés de donner des suggestions sur les nouveaux produits laitiers qu'ils souhaitent trouver sur le marché égyptien.

Des détails personnels comme l'âge, le niveau éducationnel, le statut matrimonial, la localisation et le nombre d'enfants ont été demandés pour classifier les données et permettre à une analyse approfondie.

- **Enquête pré-test**

Avant le lancement de l'étude, une enquête pré-test était administrée à 5 participants afin de connaitre leur avis et retirer les modifications nécessaires pour l'amélioration du questionnaire.

4.5. Collecte des données

Les données ont été collectées à l'aide d'un questionnaire auprès des fonctionnaires de la Faculté d'Agriculture, des adhérents des clubs sportifs et des amis et leurs connaissances.

On a distribué une version imprimée des questionnaires qui était envoyé aux participants pour les remplir. Quelques participants ont rempli les questionnaires durant notre présence, d'autre on prit quelques jours pour retourner les questionnaires.

Le questionnaire était mis aussi sur le site de Google Forms et ses liens électroniques ont été envoyés à une parte des participants à travers leurs boites mail et leur comptes sur les réseaux sociaux.

D'autres participants ont été atteints par des appels téléphoniques.

On a incité les participants à transférer les questionnaires à leurs familles, leurs amis et leurs voisins pour accéder le plus grand nombre possible de participations avec des différences entre les niveaux d'instruction et les classes sociales.

Parmi les 150 participants, 49 ont rempli l'enquête sur par la forme imprimée, 13 personnes ont participé par des appels téléphoniques et les 88 restants ont rempli l'enquête par Internet.

4.6. Variables de l'étude

L'enquête couveraient plusieurs variables comme :
- Les habitudes de consommation ;
- Les connaissances sur la nutrition et les BPH ;
- Les opinions à propos de la campagne de sensibilisation (le projet LMC).

4.7. Traitement des données

Les réponses des participants qui ont rempli le questionnaire sur internet étaient saisies par le logiciel Google Forms.

Les résultats quantitatives des enquêtés étaient analysées par les logiciel Epi Info 7 et Microsoft Excel. Ces logiciels ont permis d'enchainer les différents variables et rechercher les liens entre eux et la consommation du lait. Ceci a permis à un analyse plus précis de la situation de la population et par la suite des recommandations précis pour des changements avenir.

Les données qualitatives obtenues ont été regroupé par terme pour déterminer les fréquences et analyser leurs contenus.

4.8. Analyse des données

Afin d'atteindre les objectifs visés par notre étude, une analyse descriptif était fait pour les données quantitatives et qualitatives collectées afin de décrire les connaissances, les pratiques et les motivations de la population.

Cette analyse a donné la chance à proposer une démarche visant à inciter la population à consommer du lait conditionné.

4.9. Considérations éthiques

Les avis des participations ont été obtenus anonymement. Leurs données personnelles et socio-économiques ont été confidentielles.

5. Présentation des résultats

5.1. Donnés socioéconomiques de l'échantillon

Le tableau 9 résume les donnes socioéconomiques de la population examinée.

Tableau 9: Profil socioéconomique de l'échantillon

Caractère		Effectif	Pourcentage (%)
Sexe (n = 150)			
Male		128	14.7
Femelle		22	85.3
Age (n = 150)			
Moins de 20 ans		2	1.3
20 – 25 ans		30	20.0
25 – 30 ans		8	18.7
30 – 35 ans		11	7.3
35 – 40 ans		12	8.0
40 – 45 ans		14	9.3
Plus de 45 ans		2	35.3
Niveau d'instruction (n = 150)			
Illettré		1	0.7
Sait lire et écrire		8	5.3
Lycée ou équivalent		28	18.7
Université		91	60.6
Etudes postuniversitaire		22	14.7
Statut matrimonial (n = 150) *			
Non-marié		45	30.0
Marié(e)		98	65.3
Veuf (ve)		7	4.7
Nombre d'enfants (n = 150)			
Pas d'enfants		53	35.3
1 enfant		24	16.0
2 enfants		30	20.0
3 enfants		27	18.0
4 enfants		11	7.3
Plus de 4 enfants		5	3.3
**Classe sociale (n = 82) ** **			
Classe A	> 4000 LE/mois	18	21.95
Classe B		30	36.59
Classe C	1000 - 4000 LE/mois	25	30.49
Classe D		8	9.76
Classe E	< 1000 LE/mois	1	1.22
Localisation (n = 150)			
Le Grand Caire ***		20	13.3
La Basse-Égypte		113	75.3
La Haute-Égypte		15	10.0
Sud de Sinaï		2	1.3
Urbaine		141	94.0
Rurale		9	6.0

(*) Les non-mariés inclut à la fois les célibataires et les divorcés
(**) Puisque la plupart des participants étaient anonymes, nous avons identifié les classes sociales de 82 sur 150 participants
(***) Le Grand Caire : c'est la région comprenant le Caire, Gizeh et Qaliubiya
    La Basse-Egypte : La région du Delta du Nil et le nord d'Egypte
    La Haute-Egypte : La région du sud de l'Egypte

5.2. Habitudes de consommation

Le tableau 10 montre quelques habitudes de la consommation et du style de vie des participants. Une écrasante majorité de la population examinée (96%) a affirmé qu'elle consomme du lait, ceci inclut les ménages qui consomment du lait régulièrement ou les autres qui l'utilisent comme colorants pour le thé et le café.

La plupart des ménages utilisent le lait conditionné et traité thermiquement pour boire soit uniquement ou accompagné par le lait cru vendu en vrac (39.3% et 38% respectivement). A propos de la cuisine, le lait conditionné est classé premier suivi par le lait en vrac (40.7% et 36% respectivement).

Concernant l'acceptabilité, 80.1% des parents participants à notre enquête affirment que leurs enfants acceptent le lait sélectionné, 82.6% de ces personnes sont des consommateurs du lait conditionné.

Tableau 10: Les habitudes de consommation de l'échantillon

Variables		Effectif (n=150)	Pourcentage (%)
Est-ce que votre famille consomme du lait ?	Oui	144	96.0
	Non	6	4.0
Quel type de lait vous en servir pour boire ?	Lait conditionné	59	39.3
	Lait en vrac	34	22.7
	Les deux	57	38.0
Quel type de lait vous en servir pour cuisiner ?	Lait conditionné	61	40.7
	Lait en vrac	54	36.0
	Les deux	35	23.3
		Effectif (n=106)	Pourcentage (%)
Vos enfants acceptent-ils le type de lait que vous utilisez ? *	Oui	85	80.1
	Non	4	3.8
	Je ne sais pas	13	12.3
	Ça m'est égal	4	3.8

(*) Seulement les réponses des parents étaient prises en compte, les réponses des célibataires ou des couples sans-enfants étaient excluent

5.3. Avis et connaissances sur le lait, la nutrition et l'hygiène alimentaire

L'avis des participants a été demandé à propos des effets néfastes et les risques des deux types de lait. Chaque participant a exprimé ses craintes, ses suggestions et ses conditions de consommation pour chaque type de lait. Quelques réponses étaient contradictoires d'une certaine manière surtout à propos du goût, des agents conservateurs et les adultérations.

5.3.1. Avis sur le lait en vrac

Les enquêtés ont donné leur avis concernant les risques de consommer le lait en vrac et les raisons qui les empêchent de le consommer. Cette question est logiquement demandée aux consommateurs du lait conditionné, mais on a reçu des réponses des consommateurs du lait en vrac qui connaissaient ses effets néfastes, même qu'ils continuent à le consommer.

Selon les participants, les facteurs qui les éloignent de consommer du lait en vrac étaient : la négligence, la mauvaise connaissance des normes d'hygiène, le non-refroidissement du lait ainsi que les fraudes et le manque d'hygiène[8]. A ceux-ci s'ajoutent le goût inacceptable et la périssabilité rapide. A noter que 2.6% des participants étaient convaincus que le lait en vrac est sans danger.

En ce qui concerne la consommation du lait en vrac on a pu diviser les participants en 2 groupes :

1. Un groupe a refusé catégoriquement la consommation du lait en vrac,
2. Un groupe dont les participants ont proposé plusieurs suggestions pour consommer le lait en vrac sans soucis, comme : La salubrité, le conditionnement sécurisé, le maintien de la chaine de froid, l'hygiène des vendeurs et l'absence des adultérants, des agents conservateurs[9], des impuretés et aromes désagréables.

5.3.2. Avis sur le lait conditionné

Les questions concernant la consommation du lait en vrac ont été posées à la fois pour la consommation du lait conditionné, les enjeux et les risques qui l'accompagnent. Les réponses étaient contradictoires à propos des agents conservateurs, du goût et de l'adultération.

La majorité des participants pense que le lait conditionné contient des conservateurs ainsi que du lait en poudre[10]. D'autres enjeux ont été montrés comme le goût indésirable[11], la non-formation d'une couche de crème[12], les

---

[8] A noter que le lait en vrac est un lait cru et se vend dans des sacs en plastique avec la quantité désirée.
[9] L'addition de la Formaline est une des pratiques illicite utilisées pour augmenter la période de vie du lait, surtout le lait en vrac (lait cru) en empêchant son acidification.
[10] Le lait reconstitué à partir du lait en poudre est parfois ajouté au lait frais en cas d'insuffisance
[11] Le lait conditionné donne un goût différent aux boissons (thé ou café), ceci peut être inacceptable par quelques consommateurs habitues au goût crémeux du lait en vrac.
[12] Le lait conditionné est homogénéisé c.à.d. il ne forme pas une couche de crème à la surface, ce qui n'est pas le cas du lait en vrac (lait cru).

difficultés rencontrées pour l'ouverture des paquets ainsi qu'un manque de valeur nutritionnelle.

Les conditions suivantes étaient émises par les participants afin de consommer le lait conditionné :
- L'absence des conservateurs et des additifs alimentaire ;
- L'absence du lait en poudre ;
- La présence d'un goût plus crémeux ;
- La diminution du prix.

Un rejet total de la consommation de ce type de lait a été émis par 4.6% de l'échantillon.

D'autres participants ont affirmé que le lait conditionné contient de la Formaline ou de la poudre de céramique ; produits connus pour être rajoutés au lait en vrac.

5.3.3. Connaissances nutritionnelles et hygiéniques

Tableau 11: Les connaissances nutritionnelles et hygiéniques de l'échantillon

Variables		Effectif (n=150)	Pourcentage (%)
Est-ce que l'ébullition assure la sécurité du lait ?	Oui	63	42.0%
	Non	63	42.0%
	Je ne sais pas	24	16.0%
Est-ce-que le lait en vrac contient des conservateurs ?	Oui	40	26.7%
	Non	81	54.0%
	Je ne sais pas	29	19.3%
Est-ce-que le lait conditionné contient des conservateurs ?	Oui	106	70.6%
	Non	25	16.6%
	Je ne sais pas	19	12.6%
Le lait conditionné a les mêmes bénéfices que le lait en vrac ?	Oui	49	32.7%
	Non	60	40.0%
	Je ne sais pas	41	27.3%

Le tableau 11 montre une certaine confusion concernant l'impact de l'ébullition le lait sur la destruction des microorganismes. En effet, 42%des participants estiment que l'action de faire bouillir le lait élimine le danger de la flore pathogène tandis qu'un nombre équivalent de participants estiment que cette action n'est pas suffisante.

En ce qui concerne le problème de l'addition des agents de conservation aux deux types de lait les résultats (Tableau 11) montrent que :

- 26.7% des participants estiment la présence de ces produits dans le lait en vrac. 60% de ces participants continuent toutefois à le consommer,
- 70.6% des participants affirment que le lait conditionné contient des produits de conservation bien que 80% d'entre eux continuent à le consommer.

Les réponses des participants décrites dans le tableau 11 montrent que 40% des participants montrent des réserves concernant l'importance de la valeur nutritionnelle du lait conditionné. Tandis que 32.7% des participants pensent que le lait conditionné montrent des qualités nutritionnelles équivalentes à celles du lait en vrac.

5.4. Habitudes d'achat et suggestions de produits

Les résultats décrits dans le tableau 12 montrent que 62.7% des participants préfèrent le conditionnement de 1 kilogramme, 30.7% montrent une préférence de conditionnement de 1½ kilogramme, un nombre plus limite 6% préfèrent le conditionnement de ½ kilogramme. Les emballages de ¼ n'ont été choisis que par 0.6% des participants.

Tableau 12: La taille de paquet préférée par les participants

	Variables	Effectif (n=150)	Pourcentage (%)
Quelle taille de paquet préférer-vous acheter ?	1 ½ Kilogrammes	46	30.7%
	1 Kilogrammes	94	62.7%
	½ Kilogrammes	9	6%
	¼ Kilogrammes	1	0.6%

Les laits aromatisés ont été rejetés par 60% des participants qui préfèrent le préparer à domicile en utilisant des fruits frais. Le rejet est surtout exprimé par les personnes âgées de plus que 45 ans (Annexe 14).

On a demandé aux participants de suggérer les arômes qu'ils souhaitent trouver sur le marché. On a eu 28 nouvelles suggestions avec 77 votes. Certains participants ont indiqué qu'ils n'aiment pas le lait aromatisé, d'autres ont dit qu'ils n'ont aucune nouvelle idée. Les aromes choisis classés par ordres décroissant de nombre des votes étaient: les dates, le kiwi, la pastèque, la mangue, les framboises, le cantaloup, cocktail, la goyave, les pêches, la noix de coco, le citron, les noisettes, le thé, la vanille, le capuccino, l'ananas, le caramel, la grenadine, Nutella®, la cannelle, le gingembre, le miel, la menthe, l'abricot, l'avocat, les oranges, le doum[13] et la piña colada[14] (Annexe 15).

On a invité les participants à proposer de nouveaux produits laitiers qu'ils souhaiteraient trouver sur le marché. On a eu 12 nouveaux produits suggérés avec 29 votes, vu qu'une grande partie des participants étaient satisfaits par les produits disponibles ou n'ont pas de nouvelles idées. Les produits proposés étaient : fromage karish[15] conditionné, labné[16], crème caramel, Om Ali[17], laits fermentés aromatisés, yaourts aromatisés, riz au lait, produits enrichies en protéines, fromages suisses, crème anglaise prêt à servir et pudding (Annexe 16).

5.5. La campagne LMC (Loose Milk Conversion)

Les résultats obtenus au tableau 13 montrent que 48% des participants ont suivi la campagne (séminaires aux écoles, aux universités ou des publicités télévisées). Un nombre plus élevée des participants (52%) n'ont pas eu la chance à suivre la campagne.

En ce qui concerne la conviction, 54.2% des participants qui ont suivi la campagne ont été convaincu par la campagne face à 34.7% non-convaincu et 11.1% qui n'arrivent pas à prendre une décision fixe par rapport à la campagne.

Tableau 13: Avis à propos de la campagne LMC

Variables		Effectif (n=150)	Pourcentage (%)
Avez-vous suivi la campagne LMC ?	Oui	72	48
	Non	78	52
Est-ce que vous êtes convaincu ? *	Oui	39	54.2
	Non	25	34.7
	Je ne sais pas	8	11.1

(*) Cette question était répondue seulement par les participants qui ont suivi la campagne

---

[13] Des fruits très solides à la taille d'une pomme issue des palmiers de doum d'Egypte *Hyphaene thebaica*.
[14] Un cocktail d'origine Amérique latin à base de rhum, crème de coco et l'ananas.
[15] Un fromage frais d'origine égyptien préparé par du lait écrémé, un équivalent de Cottage Cheese.
[16] Un lait fermenté concentré d'origine libanais, c'est un plat typique de la cuisine levantine.
[17] Un dessert égyptien traditionnel fait avec de la pâte feuilletée, de la crème, de noix et de fruits secs

6. Discussion

Cette section est structurée en plusieurs points : l'interprétation des résultats obtenus, l'analyse des résultats, une comparaison avec des situations internationales et une analyse FFOM de la situation égyptienne.

Il est à noter que cet échantillon ne peut pas inférer à la population égyptienne en général, mais elle peut faire une piste pour d'autres enquêtes ou études plus précises et plus élargies sur la consommation laitière en Egypte.

6.1. Interprétation des résultats

6.1.1. Habitudes de consommation

Les égyptiens sont des faibles consommateurs du lait liquide avec une consommation de 13.9 kg/habitant en 2013 d'après les statistiques de la compagnie Tetra Pak. Même si l'enquête a montré que 96% des participants consomment le lait constamment, la majorité des participants utilise le lait seulement comme colorant pour le thé ou le café. La consommation quotidienne du lait n'est pas une des habitudes présentes chez beaucoup des ménages égyptiens et le nombre des habitants qui consomment le lait régulièrement est très faible y compris les enfants.

Le choix de type de lait était fortement lié à l'âge et le gout du consommateur accompagnés par les facteurs économiques et géographiques.

Le lait en vrac est probablement un lait de bufflonne, c'est ainsi qu'il possède un aspect plus crémeux et un arome distinct. Ceci est choisi par une tranche considérable de la population surtout les campagnards, les personnes âgées et les adultes de 40 ans et plus qui sont habitués à consommer le lait frais depuis leur enfance, et se tourner vers un lait préalablement traité et conditionné est un mouvement difficile pour eux. Ce fait est dû aux différences de saveur entre le lait en vrac et le lait conditionné qui se manifeste dans le goût des aliments préparés à base du lait et même quand il est ajouté au thé et du café. En plus, plusieurs ménages utilisent la crème agglomérée à la surface du lait pour fabriquer le ghi ou pour la consommer avec de la confiture ou du miel ; un cas impossible avec le lait conditionné et homogénéisé.

Quant aux enfants et surtout les citadins, l'odeur et le goût du lait en vrac posent un vrai problème. Il est donc évident que 82.6% des enquêtés qui ont admis que leurs enfants aiment le lait qu'ils leur offrent sont des consommateurs de lait conditionné. Pour cela, plusieurs familles utilisent les deux types de lait (lait en vrac et lait conditionné) pour s'assurer de l'acceptabilité de leurs enfants –qui préfèrent le lait conditionné– et aussi pour leur propre acceptabilité puisque le changement des habitudes alimentaires est plus difficile chez les adultes. Ceci est montré par les résultats obtenus par l'enquête, vue que 39.3% des participants utilisent le lait conditionné pour boire et 38% utilisent les deux types de lait face à 22.7% qui utilisent le lait en vrac.

Le prix élevé du lait conditionné qui arrive à 8 LE/Kg a affecté les choix des consommateurs. 61.2% des participants de la classe A (>4000LE/mois) utilisent uniquement le lait conditionné pour boire face à 43.3% de la classe B et 20% de la classe C (1000-4000LE/mois). Ce fait est remarquable par rapport au type de lait utilisé pour la cuisine ou le lait conditionné étaient utilisé par 66.6% de la classe A, 53.3% de la classe B, 16% de la classe C et 0% pour les classes sociales inferieure (E et D). Tandis que le lait en vrac était utilisé uniquement à la cuisine par 60% de la classe C, 30% de la classe C et 11.1% de la classe A. L'utilisation du lait en vrac augmente par rapport à la cuisine parce qu'il est moins cher que le lait conditionné, ce qui permet une utilisation abondante dans les plats sans regarder la dépense.

Les facteurs géographiques ont joué un rôle dans le choix du type de lait. Les villes urbaines comme Le Caire, Le Gizeh, L'Alexandrie et Assouan ont eu des pourcentages considérables de consommation du lait conditionné par rapport aux autres villes du pays. Ces différences de choix sont referee aux nombre croissant des supermarchés ou de grandes surfaces dans les zones urbaines. D'une autre perspective la Basse-Egypte (Nord du pays) et le Grand Caire avaient une consommation de lait conditionné plus élevée que la Haute-Egypte (Sud du pays) vu qu'ils comprennent les plus grandes agrégations urbaines du pays.

6.1.2. Avis et connaissances sur le lait, la nutrition et l'hygiène alimentaire

Les participants avaient des avis opposés à propos des deux types de lait. Les raisons qui les éloignent de la consommation du lait en vrac sont également les mêmes raisons qui les éloignent du lait conditionné. Le goût, l'adultération, l'utilisation des agents conservateurs et l'hygiène sont les raisons principales.

La différence de goût entre les deux types de lait pose une barrière contre le changement. Les participants ont aussi exprimé leurs craintes envers les agents conservateurs, l'addition du lait en poudre et l'hygiène.

Les consommateurs du lait conditionné et du lait en vrac ont signalé leurs craintes à propos de l'utilisation des agents conservateurs. En fait, le lait conditionné est exempté d'agents conservateurs, le produit se maintient grâce au traitement UHT et l'emballage multicouches. Ainsi, l'addition des agents conservateurs doit être logiquement lié au lait en vrac, mais le manque d'éducation nutritionnelle et les malentendus envaissants mènent à ces contradictions. Ceci est montré dans le tableau 11, la majorité des enquêtés (70.6%) estiment que le lait conditionné contient des agents conservateurs face à 26.7% qui estiment que le lait en vrac contient des agents conservateurs. Il est curieux que 80% des enquêtés qui estiment la présence des agents conservateurs dans le lait conditionné le consomment régulièrement. Ce fait se montre aussi à propos du lait en vrac ou 60% des participants qui estiment l'utilisation des agents conservateurs dans le lait en vrac le consomment aussi. En revanche, plusieurs consommateurs de lait en vrac sont au courant des adultérations du lait cru surtout l'addition de Formaline et le mouillage, mais ils continuent à le consommer. Aussi loin que quelques enquêtés disent qu'ils sont devenus habitués à ceci et leur corps a développé une immunité !

Le deuxième problème proposé par les participants, c'est l'addition du lait en poudre au lait conditionné. Cette addition est légale et pas considéré comme adultération autant qu'elle est signalée et mentionnée sur les emballages de paquets, mais il y a des idées dominantes chez la plupart des égyptiens que le lait en poudre est exempte de bénéfices nutritifs. En plus, l'addition du lait en poudre change le goût du produit final ce qui ajoute une autre barrière pour les consommateurs.

L'hygiène était la principale crainte associée au lait en vrac. La plupart des participants surtout les consommateurs du lait conditionné refusent de consommer le lait en vrac en raison des risques sanitaires qui s'accroissent durant le transport non réfrigéré et le manque d'hygiène des vendeurs. Par contre la plupart des consommateurs du lait en vrac sont complètement convaincu de l'hygiène de leur lait. Ils disent qu'ils ont confiance en leur vendeur, il est très propre et ne modifie pas le lait. Le choix du laitier est une question cruciale pour les consommateurs de lait en vrac, plusieurs participants ont signalé qu'ils traitent avec un laitier spécifique et refusent même d'acheter leur lait à quelqu'un d'autre.

Les confusions et les contradictions ont également concerné l'efficacité de l'ébullition du lait (Tableau 11). Les participants convaincus par l'efficacité de l'ébullition domestique (42%) ont mentionné qu'ils bouillent le lait plusieurs fois en l'agitant et ceci rend le lait exempt de microorganismes. La réalité est que l'ébullition domestique ne peut pas assurer l'hygiène du lait, elle se déroule en plein air et la température de l'ébullition ne peut pas tuer tous les microorganismes nuisibles du lait cru.

Quant aux facteurs économiques, l'absence de la couche de crème utilisée pour la fabrication du ghi était considéré comme un problème économique pour plusieurs ménages puisque le prix du ghi est élevé et c'est plus bénéficiant de le fabriqué à domicile par la crème récupérée du lait. Un autre problème économique est le prix plus élevé du lait conditionné qui arrive à 8 LE/Kg du lait de vache, tandis qu'un kilogramme de lait de vache vendu en vrac coûte entre 5 à 6 LE/Kg.

En outre, l'absence de couche de crème dans le lait conditionné simule aux consommateurs que le lait est exempte de nutriments et de gras qui est considéré comme la mesure de la richesse nutritive du lait pour la plupart des ménages. Ceci est bien montré dans les résultats ou 74% des enquêtés qui soupçonnent les bénéfices nutritives du lait conditionné sont des consommateurs du lait en vrac.

6.1.3. Habitudes d'achat et suggestions de produits

Le choix de la taille de paquets achetés varie selon la taille de la famille. La plupart des ménages utilisent des paquets de 1 Kilogramme (62.7%), suivi par les paquets de 1½ Kilogrammes (30.7%) qui sont utilisés par les familles les plus grandes. Quelques participants ont dit qu'ils achètent 3 – 6 kilos de lait soit pour les congeler et en utiliser des petites portions plus tard ou pour faire du yaourt. Ces actions sont associées avec les consommateurs du lait en vrac.

Quant à la consommation du lait aromatisé, les égyptiens sont de faibles consommateurs avec une consommation de 0.34 litre/habitant/an face à une consommation mondiale moyenne de 2.69 litre/habitant/an. La plupart des enquêtés de 45 ans ou plus rejetant le lait aromatisé justifiant cette répulsion par le fait qu'ils préfèrent le préparé à la maison en utilisant des fruits frais au lieu des arômes artificiels utilisés dans la préparation industrielle. Parmi les participants qui n'aiment pas le lait aromatisés, plusieurs ont dit qu'ils donnent les laits aromatisés à leurs enfants au lieu du lait nature pour s'assurer de leur consommation laitière. Les suggestions de nouveaux aromes ont été proposées principalement par les jeunes enquêtés qui aiment bien avoir une variété d'arômes originaux.

Les nouveaux produits proposés par les participants montrent leur envie d'avoir des produits plus nutritifs, sécurisés, prêt à servir et conservables pour de longues durées. Ceci est bien remarqué par le produit le plus présenté par les participants qui était le fromage Karish conditionné en emballage Tetra Pak. Ce fromage est d'habitude vendue en vrac et préparé d'une façon artisanale. Des témoignages additionnels étaient remarqués comme les desserts traditionnels conditionnés proposés par quelques participants. Les enquêtés ont eu d'autres propositions qui montrent l'effet de la modernisation et leur influence par les cultures étrangères comme les produits enrichis en protéines, les fromages suisses et libanais.

6.1.4. La campagne LMC (Loose Milk Conversion)

Le tableau 13 montre que les enquêtés ont des avis différents à propos de la campagne LMC (Loose Milk Conversion initiative ou l'initiative de conversion du lait en vrac). Le pourcentage des participants qui n'ont pas suivi la campagne est plus élevé (52%), tandis que la majorité des participants qui ont suivi la campagne sont convaincus par la campagne (54.2%) Ce qui veut dire que le LMC n'a convaincu que le quart des enquêtés.

Les participants n'ont pas suivi la campagne pour différentes raisons comme l'absence de temps libre qui est l'obstacle de la plupart des femmes. Vue que la campagne touche la population principalement à travers les publicités télévisées, plusieurs femmes ont eu de la peine à suivre les publicités, particulièrement celles qui travaillent et celles qui ont plusieurs enfants. D'autres participants n'ont pas eu la chance à suivre la campagne parce qu'ils ne regardent pas à télé. Quant aux séminaires dans les écoles et les universités, un nombre limité de participants ont eu la chance d'y assister. Ceci montre que la campagne ne touche pas un nombre effectif de la population.

Les participants ont signalé plusieurs raisons qui affectent leur conviction par la campagne. Le manque de confiance était la raison principale. Les enquêtés ont exprimé leur doutes envers les medias et les compagnies en disant qu'ils organisent ces campagnes de sensibilisation uniquement pour leurs intérêts commerciales. D'autres se méfient du gouvernement disant que le Ministère de la Santé est même pas intéressé à la santé du peuple et ce n'est pas évident pour eux qu'elle organise une campagne de sensibilisation sur les dangers du lait en vrac qu'ils consomment depuis leur enfance sans dangers.

D'autres raisons ont affecté les opinions des participants comme les malentendus et le manque d'information. Plusieurs d'eux ont mentionné que leur médecin leur a déconseillé de consommer du lait conditionné disant qu'il contient des agents conservateurs et n'a pas les mêmes bénéfices nutritifs du lait en vrac, tandis qu'un autre médecin les a incité à consommer les produits conditionnés et sécurisés. Ce fait montre que les médecins sont aussi affectés par les malentendus et le manque d'éducation nutritionnelle. Une formation sur les différents types de lait et les dangers accompagnant la consommation du lait en vrac est indispensable. D'autres ont vu des programmes à la télé parlant sur les dangers du lait conditionné et qu'il contient de la Formaline et de la poudre céramique. De ceci on peut retirer que les medias ne tient pas en compte l'exactitude et la vérité des informations qu'ils diffusent ce qui portent les populations a des confus et du mal à prendre les décisions.

6.1.5. Avis général et suggestions des participants

Quelques participants avaient un enthousiasme envers la campagne et une volonté à changer leurs comportements alimentaires pour augmenter leur consommation de produits conditionnés en générale pas seulement le lait et les produits laitiers. Ce qui rend ces actions plus ambitionnant est que ces réponses venaient de différentes classes sociales et niveaux éducationnels. Les participants de la classe moyenne inferieure ont montré une volonté remarquable à changer leurs modes alimentaire.

Certains participants ont suggéré que le gouvernement offre une part de lait pour les enfants, les femmes enceintes et les personnes âgées. D'autres souhaitent une diminution des prix du lait et des produits laitiers pour augmenter la consommation per habitant comme les européens ou au moins assurer les portions recommandées. Un nombre d'enquêtés a proposé que les autorités organisent davantage de campagnes de sensibilisation afin de changer les pratiques alimentaires fausses chez la population égyptienne.

6.2. Analyse des résultats

La consommation du lait en vrac en Egypte est un cas particulier vue qu'elle est considérée une des pratiques traditionnelles de la population. Les égyptiens ont des habitudes culturelles très solides et n'ont pas la flexibilité de changements des comportements surtout l'alimentation

Les goûts des consommateurs égyptiens conditionnent essentiellement leur choix alimentaire. Une grande partie de la population refuse catégoriquement la consommation du lait conditionné même qu'ils sont au courant des fraudes et du manque d'hygiène associés au lait en vrac et les conséquences de cette consommation risquée. Les fraudes et le manque d'hygiène des vendeurs incitent une partie de la population à se diriger vers les produits transformés et conditionnés selon les normes mondiales d'hygiène et de sécurité.

Les enquêtés ont déclaré plusieurs facteurs affectant leur choix d'un type spécifique du lait, les réponses en ce domaine étaient contradictoires. Un facteur décourageant pour un consommateur était un facteur encourageant pour l'autre. Les consommateurs du lait en vrac refusent la consommation du lait conditionné disant qu'il contient des conservateurs. Tandis que les consommateurs du lait conditionné s'éloignent du lait en vrac disant que les vendeurs y ajoutent des conservateurs. Les mêmes contradictions étaient remarquées à propos de l'addition du lait en poudre.

Les réponses des participants montrent que la population souffre d'une insuffisance d'éducation nutritionnelle. La majorité écrasante de la population a presqu'aucune idée sur l'alimentation saine et l'industrie agroalimentaire. Ceci était montré par les contradictions des avis des participants envers l'ébullition du lait, l'utilisation des conservateurs et les bénéfices nutritifs du lait conditionné, ainsi que le nombre très limité de participants qui ont montré un niveau considérable de connaissance nutritionnelle et une volonté pour le changement. Ce manque d'éducation touche à la fois les personnels de santé qui sont les consultants de la population.

La campagne LMC a eu un succès et a pu augmenter la consommation du lait conditionné de 21% en 2009 à 36% en 2013. Mais selon l'étude, 52% des participants n'ont pas suivi la campagne. Les femmes travaillantes et les mères occupes ont eu du mal à suivre la campagne vu qu'elles ne regardent pas la télé. Ceci a beaucoup affecté le taux de conviction des participants.

Figure 5: Les facteurs qui éloignent la population du lait conditionné

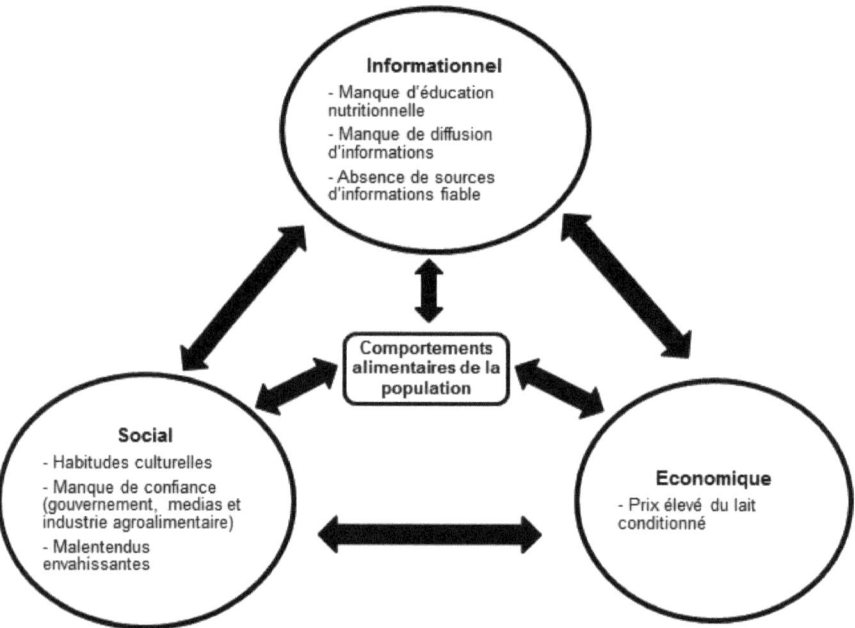

Source : Auteur

6.3. Comparaisons avec des situations internationales

Un secteur de la population égyptienne argumente leur choix du lait cru vendu en vrac au fait que la vente du lait cru est légalisée dans plusieurs pays développés telles que la France et les Etats-Unis. Dans cette partie on présentera la différence de situation entre ces pays et l'Egypte.

Dans plusieurs pays développés comme la France où le lait cru est légalement vendu et favorisée par une tranche de la population, on trouve un environnement convenable à ces pratiques. Les autorités françaises ont des recommandations strictes sur le lait cru destiner à la vente concernant la numération bactérienne, le taux du gras et des SNF et la méthode de distribution du lait cru tous le long du pays. En plus, les consommateurs français ont un niveau élevé d'éducation nutritionnelle et de sensibilisation sanitaire, ils s'occupent très bien de leur alimentation et ne consommeront pas un produit avec une qualité doutée. Ceci s'ajoute aux conditions météorologiques du pays, le temps froid du pays empêche la détérioration rapide du lait cru.

Comme exemple de pays en développement, on se réfère à la situation indienne. L'inde est l'un de pays les plus peuplés du monde ou le taux d'instruction de 74% (UNICEF, 2013), le pays est essentiellement agricole, son climat est chaud et humide et sa population a une culture solide, des critères ayant des ressemblances a ceux de l'Egypte. Le lait en vrac est généralement vendu en Inde, sa consommation arrive à 70% de la consommation laitière globale du pays(Tetra Pak, 2011b). Les laitiers transportent le lait cru dans des récipients métalliques sur les bicyclettes ou les cyclomoteurs de la ferme aux villes. Le lait est versé dans un pot ou une bouteille selon la quantité désirée. En plus, l'adultération du lait est envahissante. Selon les enquête nationales, 70% du lait consommé par les indiens est adultéré (Nirwal et al., 2013). Dans les grandes villes de l'Inde la majorité de lait est estimée d'être vendu conditionné. Mais dans les zones rurales le lait en vrac domine toujours. Ces pratiques sont en voie de changer due à la migration de la campagne vers la ville à la recherche d'emplois, d'argent et d'opportunités.

En se référant à ces comparaisons on peut déduire que le lait conditionné est le type convenable pour la situation égyptienne. Le climat chaud, le manque de connaissances hygiéniques et les fraudes ainsi que le faible encadrement des autorités menacent la qualité du lait en vrac et par la suite exposent les consommateurs a des risques sanitaire majeurs. Pour ceci la consommation du lait conditionné produit aseptiquement selon des normes strictes est une garantie pour la santé de la population égyptienne.

6.4. Analyse FFOM de la situation de la consommation du lait en Egypte

Inciter la population à consommer du lait conditionné est un projet qui fait face à plusieurs obstacles. En dessous on présente une analyse FFOM pour la situation égyptienne et la possibilité de changement des habitudes alimentaires de la population.

Forces	Faiblesses
– Fraudes et pratiques non-hygiéniques des vendeurs – Volonté d'un secteur du peuple à changer leurs comportements alimentaires – Globalisation, modernisation et influence par les cultures occidentales – Industrie agroalimentaire très développée, surtout le secteur laitier – Une production laitière importante	– Manque de diffusion d'informations – Manque de confiance entre le gouvernement et les citoyens – Manque de vigilance des medias – Rumeurs et malentendus envahissantes sur le lait conditionné et l'industrie alimentaire en général
Opportunités	**Menaces**
– Générations plus jeunes qui préfèrent le goût du lait conditionné – Presque tous les ménages possèdent une télévision – Présence de grandes surfaces et des supermarchés tout le long du pays, surtout aux zones urbaines – Mode de vie rapide – Classe moyenne influencée par le mode de vie des classes supérieures	– Consommation laitière très faible – Adoption d'un mode de vie malsain et une alimentation non équilibrée pleine de gras, de sucrerie et de produits salés – Climats chaud et humide – Habitudes culturelles solides – Taux de pauvreté élevé – Retard de croissance économique – Instabilité politique

6.5. Contraintes et limites de l'étude

Les principales contraintes rencontrées dans l'élaboration de cette étude étaient :

- Le temps imparti était insuffisant pour travailler avec un échantillon plus important,
- L'insuffisance des études et des statistiques menées sur le sujet de la consommation du lait en vrac dans le monde et surtout en Egypte.

Le changement des comportements des populations égyptiennes ne sera obtenu que dans la durée. Car en matière de changements des attitudes, il faut une concertation et une action conjuguée plurisectorielle : Les politiques d'Etats, le Ministère de la Santé, le secteur privé et la société civile.

Notre projet n'ambitionne pas d'obtenir un résultat mesurable dans l'immédiat. C'est une contribution à l'ouverture des pistes de réflexion.

7. Proposition d'une démarche pour améliorer la consommation laitière

A l'analyse des résultats, on peut conclure que la conversion vers le lait conditionné est un projet qui nécessite une approche multisectorielle et multidisciplinaire (figure 6).

Notre stratégie proposée opérera au plan informationnel, juridique, social, économique et sensoriel.

Cette démarche s'adressera aux cotés intellectuelles, émotionnelles, sensorielles et économiques de la population afin de les inciter à changer leur comportements et accepter le lait conditionné.

7.1. Au plan informationnel

Education nutritionnelle de la population :

- L'éducation nutritionnelle des consommateurs pour qu'ils soient capables à choisir leurs aliments judicieusement et efficacement ;
- Introduire des cours de nutrition et de santé publique dans le curriculum scolaire ;
- Informer les consommateurs sur l'industrie agroalimentaire, les procédés de transformation des différents produits et l'utilisation des additifs alimentaires ;
- Assurer une formation sanitaire et hygiénique aux vendeurs pour éviter les problèmes liés à la salubrité des aliments ;
- Renforcer les capacités des personnels de santé en leur offrant une formation sur les dangers du lait en vrac et l'importance de consommer des produits conditionnés et sécurisés ;
- Appuyer sur la consommation du lait aromatisé surtout chez les enfants. Ceci augmentera à la fois la consommation laitière et la consommation du lait conditionné.

Sensibilisation de la population :

- Sensibiliser la population sur l'alimentation saine
- Augmenter le nombre des campagnes de sensibilisation sur les dangers de la consommation du lait en vrac tout le long du pays pour atteindre le maximum de consommateurs hors des zones urbanisées ;

- Organiser des séminaires aux clubs sportifs et aux quartiers pour attirer plus de consommateurs ;
- Organiser des formations pour les mères afin de les informer sur l'alimentation saine et les bons comportements alimentaires.

Améliorer la diffusion des informations :

- Mettre en place un numéro de téléphone gratuit (Hot Line) pour recevoir les plaintes des consommateurs et répondre à leurs questions ;
- Renforcer la disponibilité, l'accessibilité et la diffusion des informations pour le peuple ;
- Améliorer le système d'information sanitaire en renforçant les capacités institutionnelles et en formant les personnels de santé et les nutritionnistes.

Augmenter le taux d'instruction de la population

7.2. Au plan juridique

Renforcer l'encadrement des autorités de la vente du lait en vrac

- Appliquer les lois existantes sur les vendeurs concernant les pratiques hygiéniques et la vigilance ;
- Les lois en vigueur concernant la sécurité alimentaire, l'étiquetage et la publicité doivent être examinées afin de soutenir la mise en œuvre d'une alimentation sécurisée ;
- Intensifier l'inspection des aliments et l'état sanitaires des vendeurs ;
- manifester la rigueur dans la mise en place de la sanction en cas de fraudes ou de non-respect des lois.

7.3. Au plan social

Rétablir l'état de confiance entre le gouvernement el le citoyen

- Assurer une éducation nutritionnelle pour la population ;
- Présenter à la population plus de soutien sur le plan nutritif : des consultations au niveau de nutrition, des habitudes nutritionnelles et des produits alimentaire.

Contrôler les informations pour éviter les malentendus

- Assurer une diffusion vigilante et contrôlée des informations pour éviter les malentendus et les rumeurs ;
- Eviter la diffusion des informations fausses surtout à travers les medias.

7.4. Au plan économique

Diminuer et Contrôler les prix du lait et des produits laitiers surtout les produits conditionné pour inciter le peuple à les consommer en plus.

7.5. Au plan sensoriel

Proposer la production du lait de bufflonne conditionné avec un prix raisonnable pour répondre aux préférences de la population.

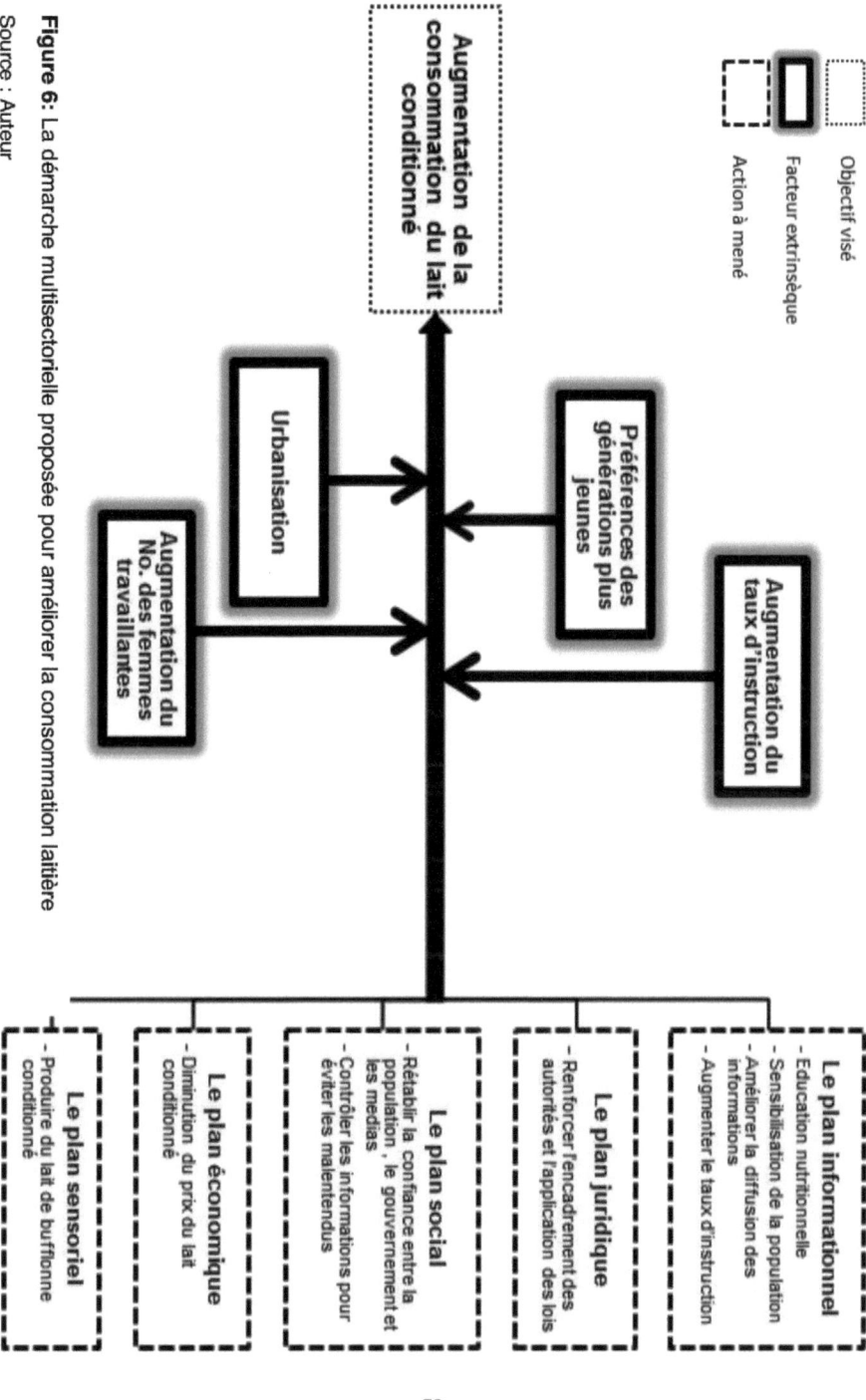

Figure 6: La démarche multisectorielle proposée pour améliorer la consommation laitière
Source : Auteur

Conclusion

Ce travail a pour but de contribuer à l'amélioration de la consommation laitière des égyptiens. A travers notre enquête on a pu recueillir les préférences et décrire les connaissances d'une tranche de la population égyptienne. Cette tranche malgré sa non-représentativité pour la totalité de la population a donné une image claire sur la consommation laitière en Egypte et nous a permis de proposer des stratégies d'intervention visant à améliorer la consommation laitière des égyptiens quantitativement et qualitativement.

A la fin de notre étude on peut conclure que le manque d'éducation nutritionnelle accompagnée par les rumeurs, le manque de diffusion des informations et l'absence des sources de données fiables sont les causes principales des confusions dans la population égyptienne.

Améliorer la consommation laitière des égyptiens nécessitera une démarche multisectorielle agissant sur les côtés culturels, émotionnels, intellectuels et économiques de la population.

Des changements remarquables peuvent se manifester à l'avenir dus aux différences de préférences chez les générations plus jeunes accompagnés par l'augmentation du taux d'éducation, de nombre de femmes travaillantes et de l'urbanisation qui mène à un mode de vie plus rapide.

Un travail additionnel au niveau de la consommation du lait en vrac en Egypte est envisagé avec des données collectées de la totalité du pays assurant une plus grande représentativité.

Glossaire des termes

Bactéries mésophiles : Les bactéries dont la température optimale de croissance est comprise entre 20 et 44°C.

Bactéries psychrophiles : Les bactéries qui aiment le froid, ils ont une température optimale de croissance inférieure à 20°C.

Bactéries psychrotrophes : Les bactéries tolérantes au froid, ce sont des souches psychrophiles qui peuvent se reproduire à une température de 7°C ou inférieure.

Consommation sur place : La consommation du lait à la ferme ou dans les zones rurales directement après la traite.

Cryoscope : Un instrument utilisé pour la détermination de de congélation des solutions liquides.

Emballage Tetra Pak : Le fameux emballage de Tetra Pak est composé de 6 couches de polyéthylène, carton et aluminium. Ceci permet à une grande variété de produits alimentaire de maintenir leur goût et leur valeur nutritive même s'ils sont stockés pour des mois sans réfrigération. Ce technique a facilité le transport des aliments pour de grandes distances et à température ambiante(Tetra Pak, 2013).

Ghi : Le ghi ou ghee (en Arabe: Samna / au Mali : sirimé) est un beurre clarifié originaire du sous-continent indien que l'on retrouve également dans les cuisines africaines, levantine et égyptienne.

Hygiène alimentaire : l'ensemble des conditions et mesures nécessaires pour assurer la sécurité sanitaire, et la salubrité des aliments à toutes les étapes de la chaîne alimentaire (FAO, 2001).

Lait cru : un lait qui n'a pas subi de traitement thermique à plus de 40°C ou tout autre traitement ayant un effet équivalent.

Lait en vrac : un lait qui est vendue en masse à partir d'un grand conteneur (récipient). Le lait en vrac est souvent un lait cru et nécessite une ébullition avant la consommation.

Lait reconstitué : le produit obtenu par addition d'eau au produit en poudre ou concentre, en quantité nécessaire pour rétablir le rapport approprie entre l'eau et les matières sèches.

Point isoélectrique : Le pH (potentiel hydrogène) pour lequel la charge globale de cette molécule est nulle. Pour les caséines le point isoélectrique est à pH=4.6

Réactions de Maillard : Des réactions chimiques que l'on peut observer lors de la cuisson d'un aliment ; elles correspondent à l'action des sucres sur les protéines, et sont en particulier responsables du goût caractéristique des aliments grillés et la croute brune du pain de boulanger. La prolongation de cette réaction donne des goûts et de aromes brulés et indésirables.

Temps de chambrage : C'est la durée de maintien du lait dans la température spécifique de traitement.

Bibliographie

Aksoy, M. A., & Beghin, J. C. (2005). *Global agricultural trade and developing countries. World Bank* (p. 162). Washington, DC: The International Bank for Reconstruction and Development / The World Bank. Available from http://elibrary.worldbank.org/doi/book/10.1596/0-8213-5863-4

Amer, A. A., & Ibrahim, M. A. E. (2010). Determination of aflatoxin M1 in raw milk and traditional cheeses retailed in Egyptian markets. *Journal of Toxicology and Environmental Health Sciences*, 2(September), 50–52. Available from http://www.academicjournals.org

American Academy of Pediatrics. (2014). Consumption of raw or unpasteurized milk and milk products by pregnant women and children. *Pediatrics*, *133*(1), 175–9. doi:10.1542/peds.2013-3502

Belpoggi, F., Soffritti, M., Guarino, M., Lambertini, L., Cevolani, D., & Maltoni, C. (2006). Results of Long-Term Experimental Studies on the Carcinogenicity of Formaldehyde and Acetaldehyde in Rats. *Annals of the New York Academy of Sciences*, *982*(1), 87–105. doi:10.1111/j.1749-6632.2002.tb04926.x

Berry, B. (2010). *Agroalimentaire Rapport sur le passé , le présent et l'avenir* (p. 13). Available from http://www5.agr.gc.ca/fra/industrie-marches-et-commerce/statistiques-et-information-sur-les-marches/par-region/moyen-orient-et-afrique-du-nord/?id=1410083148783#Egypte

Broglia, a, & Kapel, C. (2011). Changing dietary habits in a changing world: emerging drivers for the transmission of foodborne parasitic zoonoses. *Veterinary Parasitology*, *182*(1), 2–13. doi:10.1016/j.vetpar.2011.07.011

Bylund, G. (1995). *Dairy processing handbook*. Lund, Sweden: Tetra Pak Processing Systems AB.

Caruso, J. B., Patel, R. M., Julka, K., & Parish, D. C. (2007). Health-behavior induced disease: return of the milk-alkali syndrome. *Journal of General Internal Medicine*, *22*(7), 1053–5. doi:10.1007/s11606-007-0226-0

CDC. (2014). Raw Milk Questions and Answers | Raw Milk | Food Safety | CDC. Retrieved January 28, 2015, from http://www.cdc.gov/foodsafety/rawmilk/raw-milk-questions-and-answers.html

Central Agency for Public Mobilization and Statistics. (2013). *Agriculture* (p. 19). Cairo, Egypt. Available from http://www.capmas.gov.eg/pages_ar.aspx?pageid=1532

Chávez, N. A., Jauregui, J., Palomares, L. A., Macías, K. E., Jiménez, M., & Salinas, E. (2012). A highly sensitive sandwich ELISA for the determination of glycomacropeptide to detect liquid whey in raw milk. *Dairy Science & Technology*, *92*(2), 121–132. doi:10.1007/s13594-011-0052-3

Codex Alimentarius. (2007). *Lait et Produits Laitiers* (First., pp. 189–207). Rome: FAO; WHO. Retrieved from ftp://ftp.fao.org/codex/publications/booklets/milk/Milk_2007_FR.pdf

Codex Alimentarius. (2014). *Norme générale pour les additifs alimentaires CODEX STAN 192-1995* (p. 3). Available from http://www.codexalimentarius.net/gsfaonline/index.html?lang=fr

Debry, G. (2001). *Lait, nutrition et santé*. (Éditions Tec et Doc / Lavoisier, Ed.) (p. 566). Paris.

Egyptian Organization for Standardization and Quality Control. Egyptian Standards"ES" 154-1 Milk and Dairy products, part 1: raw milk (2005). Cairo, Egypt. Retrieved from http://41.178.57.4:5000/GetStandApp/Form2.aspx?DocName=154-P1-2005.pdf

El-Rafey, M. S. (1962). Milk Hygiene Practice in Egypt. *World Health Org. Publ., FAO*, (48), 635.

FAO. (n.d.-a). Dairy production and products: Milk and milk products. Retrieved September 26, 2014, from http://www.fao.org/agriculture/dairy-gateway/milk-and-milk-products/en/#.U5A0ePmSyMJ

FAO. (n.d.-b). Dairy production and products: Milk production. Retrieved September 26, 2014, from http://www.fao.org/agriculture/dairy-gateway/milk-production/en/#.U5A9G_mSyMl

FAO. (1998). *Le lait et les produits laitiers dans la nutrition humaine*. Rome: FAO; INPhO. Retrieved from http://www.fao.org/docrep/t4280f/t4280f0a.htm

FAO. (2012). FaoStat. Available from http://faostat3.fao.org/faostat-gateway/go/to/home/E

FSA. (n.d.). Raw drinking milk and raw cream control requirements in the different countries of the UK | food.gov.uk. Retrieved February 23, 2015, from http://www.food.gov.uk/business-industry/farmingfood/dairy-guidance/rawmilkcream

Groupe de recherche en éducation nutritionnelle (GREEN). (1996). *Aliments, alimentation et santé: Questions/réponses* (pp. 147–149). Paris: Technique et Documentation/Lavoisier.

H Kim, Hardy, J., Novak, G., Ramet, J. P., & Weber, F. (1984). *Off-tastes in raw and reconstituted milk*. Rome: ood and Agriculture Organization of the United Nations (FAO). Retrieved from http://www.fao.org/docrep/003/x6537e/X6537E01.htm

Hassan, S. A., & Elmalt, L. M. (2008). Informally raw milk and Kareish cheese investigation on the occurrence of toxigenic Escherichia coli in Qena city, Egypt with emphasis on molecular characterization. *Assiut University Bulletin for Enverinmental Researches*, *11*(2), 35–42.

Hassan-Wassef, H. (2004). Food habits of the Egyptians: newly emerging trends. *Eastern Mediterranean Health Journal = La Revue de Santé de La Méditerranée Orientale*, *10*(6), 898–915. Retrieved from http://www.ncbi.nlm.nih.gov/pubmed/16335778

Health Canada. (2005). Statement from Health Canada About Drinking Raw Milk. Retrieved January 28, 2015, from http://www.hc-sc.gc.ca/fn-an/securit/facts-faits/rawmilk-laitcru-eng.php

Human Development Reports. (n.d.). Retrieved November 12, 2014, from http://hdr.undp.org/en/data

IFCN, & FAO. (2010). *Pro-Poor Livestock Policy Initiative: Status and Prospects for Smallholder Milk Production A Global Perspective*. (T. Hemme & J. Otte, Eds.) (p. 34). Rome: Food and Agriculture Organization of The United Nations. Retrieved from www.fao.org/docrep/012/i1522e/i1522e.pdf

Johnson, R. (2014). *Food Fraud and " Economically Motivated Adulteration " of Food and Food Ingredients. Congressional Research Service* Retrieved from http://foodfraud.msu.edu/wp-content/uploads/2014/01/CRS-Food-Fraud-and-EMA-2014-R43358.pdf

Kakaç, S., Liu, H., & Pramuanjaroenkij, A. (2002). *Heat Exchangers: Selection, Rating, and Thermal Design* (Second.). CRC Press. Available from http://books.google.com.eg/books/about/Heat_Exchangers.html?id=QiWUFOkPBPIC&redir_esc=y

Krause, D. O., & Hendrick, S. (2011). *Zoonotic Pathogens in the Food Chain* (pp. 99–113). CAB International.

Lejeune, J. T., & Rajala-Schultz, P. J. (2009). Food safety: unpasteurized milk: a continued public health threat. *Clinical Infectious Diseases : An Official Publication of the Infectious Diseases Society of America*, *48*(1), 93–100. doi:10.1086/595007

Longenberger, A. H., Palumbo, A. J., Chu, A. K., Moll, M. E., Weltman, A., & Ostroff, S. M. (2013). Campylobacter jejuni infections associated with unpasteurized milk--multiple States, 2012. *Clinical Infectious Diseases : An Official Publication of the Infectious Diseases Society of America*, *57*(2), 263–6. doi:10.1093/cid/cit231

Ministère de L'Agriculture de l'Agroalimentaire et de la Forêt. (2012). Décrets, arrêtés, circulaires: 13 juillet 2012. *Journal Officiel de La République Française*. Available from http://www.legifrance.gouv.fr/affichTexte.do?cidTexte=JORFTEXT000026208547&dateTexte=&categorieLien=id

Nirwal, S., Pant, R., & Rai, N. (2013). Analysis Of Milk Quality , Adulteration And Mastitis In Milk Samples Collected From Different Regions Of Dehradun. *International Journal of PharmTech Research*, *5*(2), 359–364. Retrived from http://sphinxsai.com/2013/pharmAJ13/pdf/PT=11(359-364)AJ13.pdf

Pandey, C. K., Agarwal, A., Baronia, A., & Singh, N. (2000). Toxicity of ingested formalin and its management. *Human & Experimental Toxicology*, *19*(6), 360–6. Retrieved from http://www.ncbi.nlm.nih.gov/pubmed/10962510

Ranken, M. D., Baker, C. G. J., & Kill, R. C. (1997). *Food Industries Manual* (24th ed., p. 122). London: Blackie Academic and Professional. Available from http://www.springer.com/gp/book/9780751404043

Schmidt, R. H., & Davidson, P. M. (2008). Milk Pasteurization and the Consumption of Raw Milk in the United States. *Food Protection Trends*, (January), 45–47. Retrived from http://www.foodprotection.org/files/general-interests/Milk_Pasteurization_Paper.pdf

Skinner, C. G., Thomas, J. D., & Osterloh, J. D. (2010). Melamine toxicity. *Journal of Medical Toxicology : Official Journal of the American College of Medical Toxicology*, 6(1), 50–5. doi:10.1007/s13181-010-0038-1

Soliman, M. (2001). Stratégies des acteurs et restructuration des marchés dans la filière lait en Egypte (Vol. 145, pp. 134–145). Available from http://om.ciheam.org/article.php?IDPDF=CI011668

Tawfik, N. F., Effat, B. A. M., Shafei, K. El, Dairouty, R. K. El, & Sharaf, O. M. (2014). Mastitis and Antibiotic Residues in Egyptian Raw Milk with Lactic Acid Bacteria Population in Dairy Products Retailed in Cairo and Giza Area. *Global Veterinaria*, 13(5), 696–703. doi:10.5829/idosi.gv.2014.13.05.85190

Tetra Pak. (2011a). *A safer alternative in Egypt -- loose milk conversion programme.* Retrieved from https://www.youtube.com/watch?v=ViKgUiPVnSQ

Tetra Pak. (2011b). *Tetra Pak 4th Dairy Index* (pp. 5–6). Retrieved from http://www.tetrapak.com/food-categories/dairy/index

Tetra Pak. (2012). *Juhayna drives loose milk conversion with Tetra Fino® Aseptic.* Egypt. Retrieved from https://www.youtube.com/watch?v=PIe2vpyzR1I

Tetra Pak. (2013). *Tetra Pak – Development in brief.* Retrieved from www.tetrapak.com

UNICEF. (2013). Statistics | India | UNICEF. Retrieved February 22, 2015, from http://www.unicef.org/infobycountry/india_statistics.html

UNIFEM. (1996). *Dairy Processing: Food Cycle Technology Source Books* (p. 64). London: Intermediate Technology Publications Ltd.& UNIFEM.

Vignola, C. L. (2002). *Science et Technologie du Lait: Transformation du Lait.* (Fondation de Technologie Laitière du Québec Inc., Ed.). Québec: Presses Internationales Polytechnique.

WHO. (2010). *OMS | Nouvelles normes sur la teneur en mélamine autorisée dans les aliments.* World Health Organization. Retrieved from http://www.who.int/mediacentre/news/releases/2010/melamine_food_20100706/fr/

WHO. (2013). *WHO | WHO Country Cooperation Strategy (CCS) Brief.* Retrieved from http://www.who.int/countryfocus/cooperation_strategy/briefs/en/

Annexe

Annexe 1: Le questionnaire administré aux participants

Sexe: ☐ Male ☐ Femelle

Age:
☐ Moins de 20 ans   ☐ 20 – 25 ans   ☐ 25 – 30 ans
☐ 30 – 35 ans   ☐ 35 – 40 ans   ☐ 40 – 45 ans   ☐ Plus de 45 ans

Statut matrimonial : ☐ Non-marié (Célibataire)   ☐ Marié(e)   ☐ Veuf (ve)

Niveau d'instruction :
☐ Illettré   ☐ Sait lire et écrire   ☐ Lycée ou équivalent
☐ Université   ☐ Etudes postuniversitaire

Nombre d'enfants : ☐1   ☐ 2   ☐ 3   ☐ 4   ☐ plus que 4

Ville de résidence : ....

Est-ce que votre famille consomme du lait ? ☐ Oui   ☐ Non

Quel type de lait vous en servir pour boire ? ☐ Lait conditionné   ☐ Lait en vrac   ☐ Les deux

Quel type de lait vous en servir pour cuisiner ? ☐ Lait conditionné ☐ Lait en vrac ☐ Les deux

Vos enfants acceptent-ils le type de lait que vous utilisez ?
☐ Oui   ☐ Non   ☐Je ne sais pas   ☐ Ça m'est égal

Si vous êtes un consommateur du lait en vrac, quels sont les dangers du lait conditionné et pourquoi vous ne le consommez pas ? ....

Quelles sont vos conditions pour consommer le lait conditionné ? ....

Si vous êtes un consommateur du lait conditionné, quels sont les dangers du lait en vrac et pourquoi vous ne le consommez pas ? ....

Quelles sont vos conditions pour consommer le lait en vrac ? ....

Est-ce que l'ébullition assure la sécurité du lait ? ☐ Oui   ☐ Non   ☐ Je ne sais pas

Est-ce-que le lait en vrac contient des conservateurs ? ☐ Oui   ☐ Non   ☐ Je ne sais pas

Est-ce-que le lait conditionné contient des conservateurs ? ☐ Oui   ☐ Non   ☐ Je ne sais pas

Le lait conditionné a les mêmes bénéfices que le lait en vrac ? ☐Ou ☐ Non☐ Je ne sais pas

Quelle taille de paquet préférer-vous acheter ? ☐ 1 ½ Kg.   ☐ 1 Kg.   ☐ ½ Kg.   ☐ ¼ Kg.

Quelles sont les nouveaux aromes de lait que vous souhaiteriez trouver sur le marché ?
....

Quelles sont les nouveaux produits laitiers que vous souhaiteriez trouver sur le marché ?
....

Avez-vous suivi la campagne LMC ? ☐ Oui   ☐ Non

Est-ce que vous êtes convaincu ? ☐ Oui   ☐ Non   ☐ Je ne sais pas

Annexe 2: Production moyenne du lait en Egypte 1992-2012

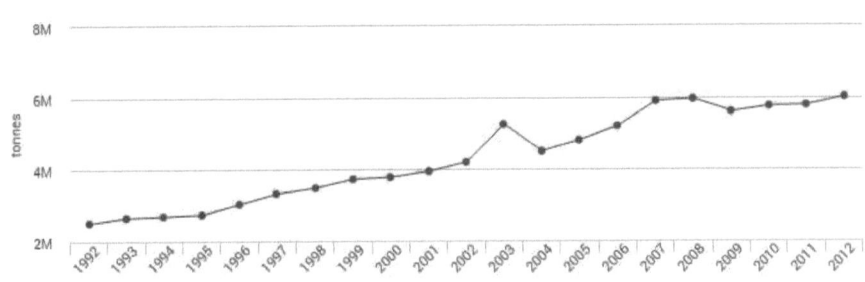

Source : FAOSTAT, 2012

Annexe 3: Concentrations des vitamines dans le lait de vache (mg/litre)

Vitamines	Moyennes
Vitamines hydrosolubles	
B. (thiamine)	0.42
B2 (riboflavine)	1,72
B6 (pyridoxine)	0,48
B12 (cobalamine)	0,0045
Acide nicotinique	0,92
Acide folique	0,053
Acide pantothénique	3,6
Biotine	0,036
C (acide ascorbique)	8
Vitamines liposolubles	
A	0,37
ß-carotène	0,21
D (cholécalciférol)	0,0008
E (tocophérol)	1, 1
K	0,03

Source: FAO 1998

Annexe 4: Concentrations des minéraux dans le lait de vache (g/litre)

Constituants	Teneurs moyennes
Potassium (K_2O)	1,50
Sodium (Na_2O)	0,50
Calcium (CaO)	1.25
Magnésium (MgO)	0,12
Phosphore (P_2O_5)	0,95
Chlore (NaCl)	1,00
Soufre	0,35
Acide citrique	1,80

Source: FAO 1998

Annexe 5: Le nombre de portions de lait et produits laitiers recommandés (par jour) par le Guide Alimentaire Canadien

Enfants			Adolescents		Adultes			
2-3	4-8	9-13	14-18 ans		19-50 ans		51+ ans	
Filles et Garçons			Femelle	Male	Femelle	Male	Femelle	Male
2	2	3-4	3-4	3-4	2	2	3	3

Source: Guide Alimentaire Canadien

Annexe 6: l'échangeur de chaleur (échangeurs à plaques)

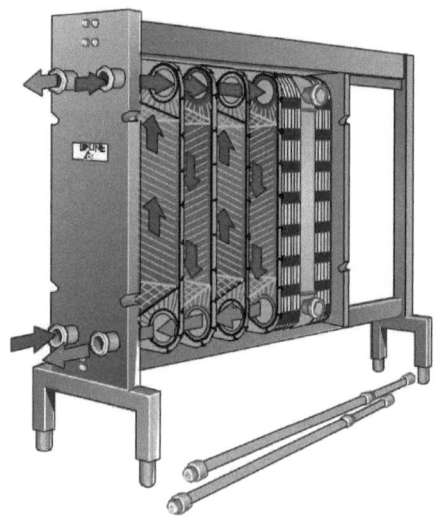

Source: Dairy Processing Handbook, Gösta Bylund, Tetra Pak, 1995 (p.86)

Annexe 7: Le stérilisateur horizontal (1) et vertical (2)

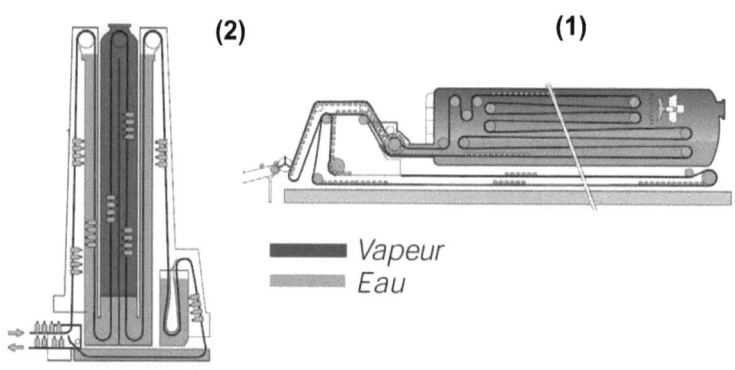

Source: Dairy Processing Handbook, Gösta Bylund, Tetra Pak, 1995 (p.221)

Annexe 8: L'emballage multicouches

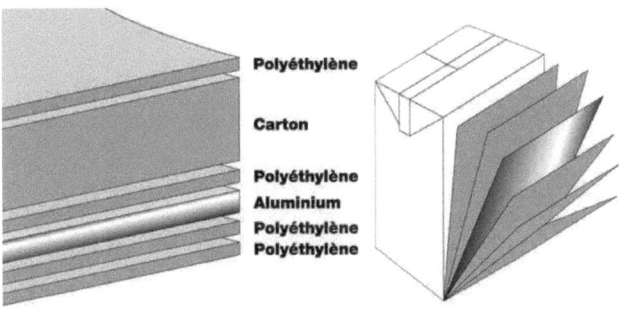

Source : Tetra Pak.com

Annexe 9: Composition de différents laits de consommation (en %)

Laits	Eau	Matière sèche	Protéines	lipides	Glucides	Minéraux
Entier stérilisé UHT	87.7	12.2	3.2	3.5	4.6	0.7
Demi-écrémé pasteurisé	89.6	10.4	3.2	1.6	4.5	0.8
Ecrémé stérilisé UHT	91	9	3.3	0.1	4.8	0.8
Crème pasteurisé	59.5	40.5	2.3	30.5	2.8	0.6

Source: Lait, nutrition et santé, Gérard Debry, 2001 (p.9)

Annexe 10: Le clarificateur centrifuge

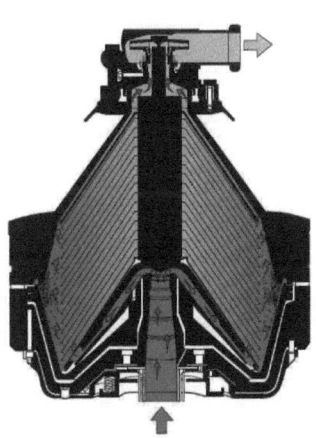

Source: Dairy Processing Handbook, Gösta Bylund, Tetra Pak, 1995 (p.97)

Annexe 11: L'écrémeuse centrifuge

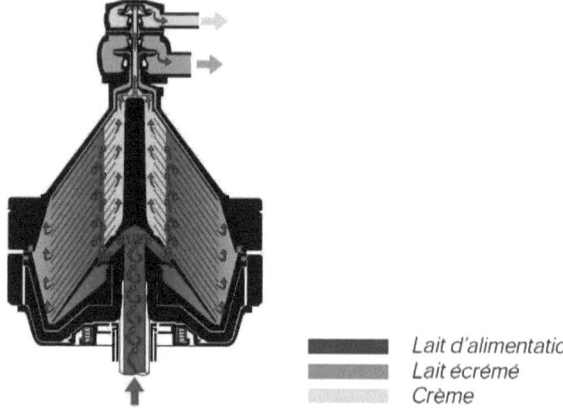

Lait d'alimentation
Lait écrémé
Crème

Source: Dairy Processing Handbook, Gösta Bylund, Tetra Pak, 1995 (p.98)

Annexe 12: Les valves d'homogénéisateur

(1) 1ere étape

(2) 2eme étape

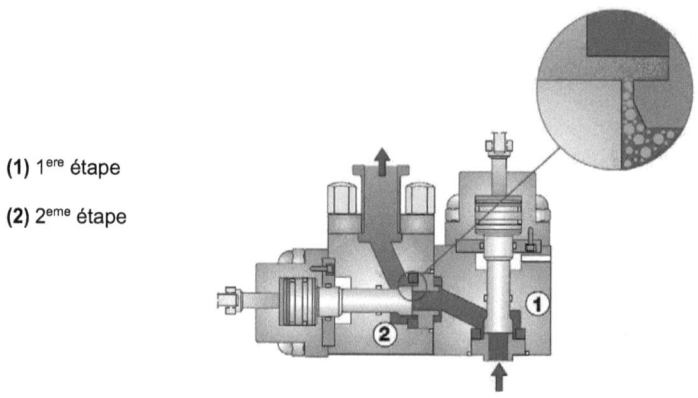

Source: Dairy Processing Handbook, Gösta Bylund, Tetra Pak, 1995 (p.118)

Annexe 13: L'emballage Tetra Fino Aseptic

Source : Tetrapak.com

Annexe 14: Répartition des participants qui rejettent le lait aromatisé selon les ages

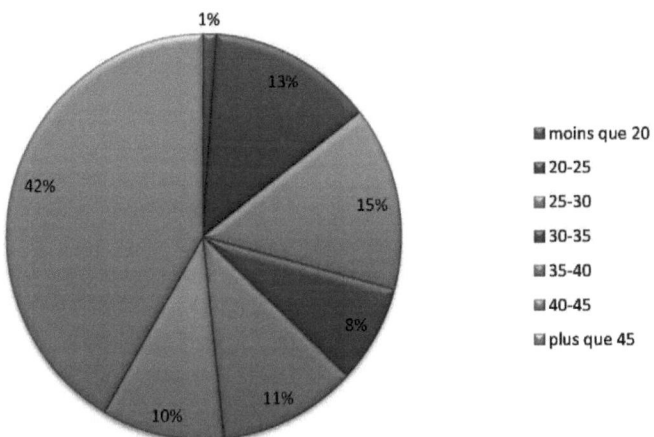

Source : Auteur

Annexe 15: Les nouveaux aromes proposés par les participants

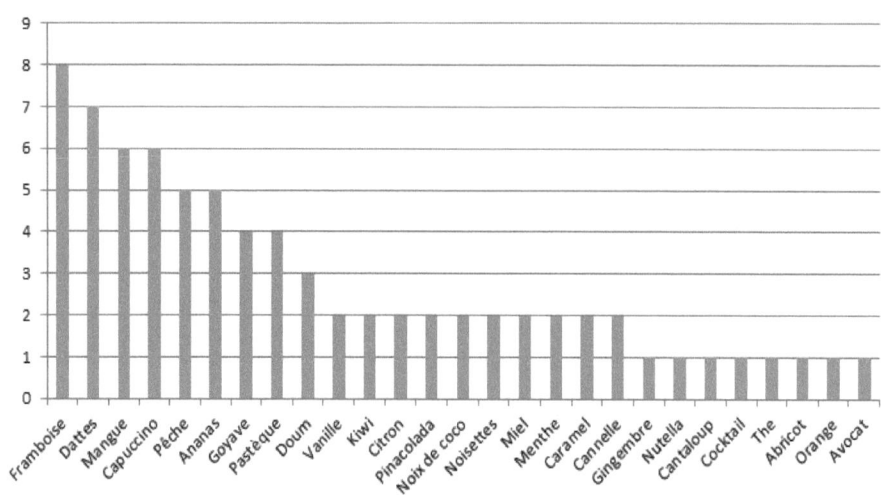

Source : Auteur

Annexe 16: Les nouveaux produits proposés par les participants

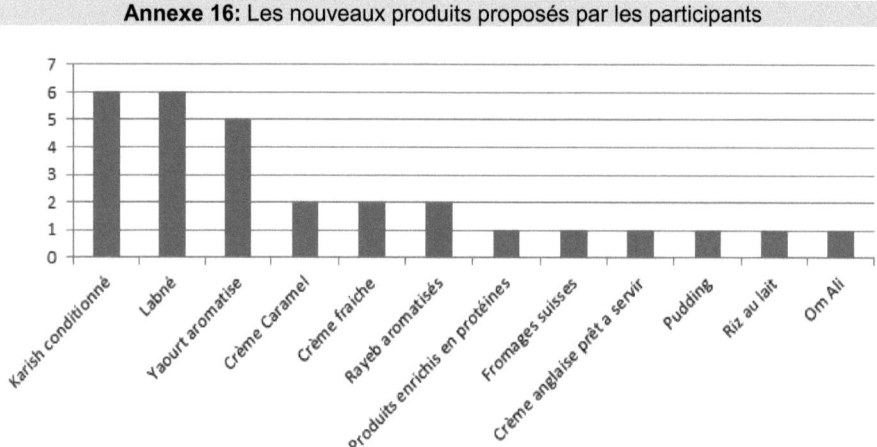

Source : Auteur

I want morebooks!

Buy your books fast and straightforward online - at one of the world's fastest growing online book stores! Environmentally sound due to Print-on-Demand technologies.

Buy your books online at
www.get-morebooks.com

Achetez vos livres en ligne, vite et bien, sur l'une des librairies en ligne les plus performantes au monde!
En protégeant nos ressources et notre environnement grâce à l'impression à la demande.

La librairie en ligne pour acheter plus vite
www.morebooks.fr

SIA OmniScriptum Publishing
Brivibas gatve 1 97
LV-103 9 Riga, Latvia
Telefax: +371 68620455

info@omniscriptum.com
www.omniscriptum.com

Printed by Books on Demand GmbH, Norderstedt / Germany